集装箱运输与海关监管

JIZHUANGXIANG YUNSHU YU HAIGUAN JIANGUAN

赵宏 编著

U0913011

中国海关出版社

图书在版编目（CIP）数据

集装箱运输与海关监管/赵宏编著．—北京：
中国海关出版社，2009.1

ISBN 978-7-80165-559-2

Ⅰ.集… Ⅱ.赵… Ⅲ.集装箱运输 Ⅳ.U169

中国版本图书馆 CIP 数据核字（2008）第 138747 号

集装箱运输与海关监管

JIZHUANGXIANG YUNSHU YU HAIGUAN JIANGUAN

赵 宏 编著

中国海关出版社

（北京市朝阳区和平街东土城路甲 9 号 100013）

新华书店经销 北京华戈印务有限公司印刷

2009 年 1 月第 1 版 2009 年 1 月第 1 次印刷

开本：710mm×1000mm 1/16 印张：11.75

字数：160 千字

ISBN 978-7-80165-559-2

定价：23.00 元

海关版图书，印装错误可随时调换

发行部：010-84252703

图编部：010-64227190-531

金钥匙书店：010-65195616

出版社网址：www.haiguanbook.com

前言

人类很早就懂得利用芭蕉叶、棕榈树皮、陶罐包装货物，也懂得利用水的浮力，驾独木舟、竹排、羊皮筏运输货物。当美国人第一次在铁路运输中，将一个冷冰冰的，涂满各种颜色，上面有很多焊缝和铆钉，毫无生命气息，显得有些笨拙，钢铁制的大箱子展示在世人面前时，集装箱时代来临了。集装箱运输方式改变了水路运输的经济规律，并因此改变了全球的贸易流量。在我国的对外贸易活动中大约有90%的进出口货物是通过水路集装箱运输来完成的。

对集装箱及其运输货物的进出境监管历来是海关工作的重点，在实际监管的每一个环节都有非常明确的规定。本书以本人多年的海关一线工作经验为基础，结合典型案例，讲解国际水路运输中集装箱的相关知识，主要包括以下四方面内容：集装箱的基本知识，国际运输中海关对集装箱及其所装货物的监管，集装箱货物装卸时如何确保相关人员的劳动安全，海关对进出境船舶的监管。作为进出口企业、报关单位、国际物流企业、船公司、集装箱场站的工作人员应熟练掌握上述内容，积极地配合海关工作人员完成货物的查验工作，使货物可以顺利通关，提高企业经济效益。

由于水平和能力有限，本书尚存在一些不足，恳请读者批评和指正！

赵宏

2008年12月

目 录

第一章

集装箱水路运输的基本知识

集装箱的水路运输离不开船舶。水路运输按其航行的区域，大体上可划分为远洋运输、沿海运输和内河运输三种形式。远洋运输通常是指除沿海运输和内河运输以外的所有海上运输。沿海运输是指利用船舶在我国沿海区域各地之间的运输，如环渤海运输、东海运输、黄海运输。内河运输是指利用船舶、排筏或其他浮运工具，在江、河、湖泊、水库及人工水道上从事的运输，如长江运输、黄河运输、珠江运输、黑龙江运输、松花江运输、淮海运输、鄱阳湖运输、青海湖运输、兴凯湖运输等。

1801 年，英国安德森博士就提出了集装箱运输的设想。1853 年美国铁路开始采用集装箱运输。1886 年德国开始采用集装箱运输。法国和日本也于 1928 年和 1930 年先后采用集装箱运输。1931 年国际集装箱运输局（BIC）在法国巴黎成立。现代集装箱的正式使用，始于第二次世界大战中美国的军事运输，而商用运输则始于 1955 年。

国际标准化组织（ISO）对集装箱下的定义为集装箱是一种运输设备：

（1）具有一定容积（一般体积不小于 1 立方米）、一定规格，便于装卸、易于码放和坚固耐用。

（2）供在货物运输中反复使用的盛装货物的容器。

在中国香港地区将集装箱称为"货箱"，在台湾省则称为"货柜"。集装箱非常适于在航空运输、水路运输、铁路运输、公路运输中使用，并且在中途转运时，箱内的货物不需要因为运输工具的改变而换装集装箱，如水路运输所使用的国际标准集装箱，同样可以在铁路运输、公路运输中使用。

1968 年，国际标准化组织的集装箱尺寸委员会发布了集装箱标准。

1969 年，伦敦航运记者 Richard Gibney，提出了"20 英尺标准箱(TEU)"的术语，并且开始用这一术语来计算每艘船可以装载 20 英尺国际标准集装箱的理论数值，同时官方以这一术语进行国际集装箱运输统计。

第一节　集装箱运输的历史发展

人类使用船舶作为运输工具的历史，几乎和人类文明史一样悠久。从远古的独木舟发展到现代的运输船舶，大体经历了四个时代：舟筏时代、帆船时代、蒸汽机船时代和柴油机船时代。

1. 舟筏时代：人类以舟筏作为运输、狩猎和捕鱼的工具，至少起源于石器时代。

2. 帆船时代：据记载，早在公元前四千年，古埃及就有了帆船。

3. 蒸汽机船时代：18 世纪，蒸汽机发明后，许多人都试图将蒸汽机用于船上。1807 年，美国人富尔顿首次把蒸汽机驱动装在"克莱蒙脱"号船两舷的明轮上，在哈德逊河上航行成功。从此机械力开始代替自然力，船舶的发展进入了新的阶段。

4. 柴油机船时代：1892 年，德国人狄塞尔发明压燃式内燃机，即柴油机，20 世纪初开始应用于船上。

1921 年美国人发明并且开始使用集装箱这种运输工具来运输货物，1957 年出现了第一艘杂货集装箱运输船。从此，集装箱登上了历史的舞台，人类货物运输的发展又进入了新的阶段。20 世纪 50 年代中期，我国开始在铁路上采用集装箱运输这种方式，1973 年开始海上集装箱运输。现在，就像互联网在当今社会所起到的重要作用一样，没有任何一个国家或地区会忽略标准集装箱运输的作用。

集装箱运输的早期发展史

集装箱，英文为“Container”或“Box”。集装箱是由美国人发明的，1921 年 3 月 19 日它最早出现在美国纽约铁路运输总公司。英国人也于 1929 年开始了英国—欧洲大陆海陆直达集装箱联合运输业务。但这些都只是局部的、小规模的集装箱使用。

集装箱大量用于运输货物，则始于 1966 年。美国海陆公司（Seal-and）首先在北大西洋航线上使用改装的集装箱船“FairLand”号，为国际贸易货物的集装箱联合直达运输写下了新的历史篇章。

在未使用集装箱方式运输前，货物采用水路运输方式时，都是先将所运输的货物装进麻袋、草袋、纸盒、木箱、木桶等，到了码头以后，再将这些货物装入一个特制的网兜状大吊篮中，然后利用岸边或船上的起重设备，将这个大网兜吊入船舱内，最后再由船舱底下的装卸工人把货物一一搬出网兜，整齐地摆放在船舱内。这种落后的运输方式存在很多弊端，却在中国持续了一个世纪，直至 20 世纪 90 年代中期，我国才逐步改变了这种完全不符合现代国际运输“快捷、安全、尽快疏港”理念的陈旧运输装卸方式。

我国集装箱运输的发展史

20 世纪 50 年代中期，我国开始在铁路上采用集装箱运输。现在，铁路、公路、沿海、内河、民用航空集装箱运输日益发展。与此同时，我国的国际集装箱运输也得到了很大的发展。

我国海上集装箱运输开始于 1973 年，主要是在中日航线上捎运长、宽、高均为 8 英尺的小型集装箱。1974 年 11 月，在天津至美国、加拿大的航线上，我国第一次进行了国际标准集装箱试运。1978 年 10 月，我国开辟了第一条到澳大利亚的国际集装箱航线，接着又开辟了到美国和日本等航线的集装箱运输。

我国的集装箱运输起步较晚，但发展速度却很快。1973 年只有上海、天津、青岛、广州和大连（俗称：广、大、上、青、天）港口能办理国际集装箱运输业务，现在已经发展到 20 多个港口、若干货运站及河港均可办理此业务。1976 年，我国港口作业量仅为 3 000 只标准集装箱，但到 1986 年我国港口作业量已达 62.75 万只标准集装箱，相当于 1976 年的 209 倍。目前，仅天津新港每年的吞吐量就达 70 万只标准集装箱。

相关链接 **标准集装箱**

国际标准及海关统计规定，把 1 个长度为 20 英尺的集装箱规定为 1 个标准集装箱，40 英尺长的则折合为 2 个标准集装箱。

为适应迅速发展的集装箱运输，我国在天津、上海、黄埔、广州、厦门、大连、青岛、南京等港口先后开辟了 15 个专用集装箱泊位。同时，以中国远洋集团公司为龙头的国际货物运输企业也相继在不断扩大航线的基础上，进一步调整了集装箱船的吨位，从第一代的 750 只标准集装箱船，到第二代的 1 500 只标准集装箱船；从第三代的 3 000 只标准集装箱船，到第四代的 3 800 只标准集装箱船。

世界集装箱运输船舶的发展概况

1. 世界集装箱运输船舶的发展简介

20 世纪 60 年代中期，随着国际运输集装箱标准化的实施，港口专用集装箱装卸设备的完成和专门用于集装箱陆路运输卡车的生产，出现了第一代横穿太平洋、大西洋的专门用于集装箱江海运输的多用途集装箱船舶和小型专用集装箱船舶。但是这些初期的集装箱运输船舶，载重量只有 17 000～20 000 总吨，可装载 700～1 000 只国际标准集装箱，航速为 23 节。第二代集装箱运输船舶出现在 20 世纪 70 年代初期，其载重量已经发展到40 000～50 000 总吨，所载集装箱装数增加到 1 800～2 000 只国际标准集装箱，航速为 26～27 节。第三代集装箱运输船舶，出现在 1973 年国际石油危机之后，为了节约能源，降低运输成本，这一代船舶不但加大了船体尺寸，还将航速降低至 20～22 节，所载集装箱数量增加到 3 000 只国际标准集装箱。第四代集装箱运输船舶，出现在 20 世纪 80 年代后期，其航速开始提高。船舶大型化的限度是以能通过巴拿马运河为准，可装载集装箱数量增加到 4 400 只国际标准集装箱。

到了 20 世纪 90 年代初期，随着大型现代化专用集装箱码头的出现，全集装箱船舶开始大量投入商业营运。全集装箱船舶由开始的可以装载 500 只国际标准集装箱的小型船舶，发展到可以装载 4 800 只国际标准集装箱的第五代集装箱运输船舶。到了 20 世纪 90 年代中后期，出现了可以装载 8 600 只国际标准集装箱的第六代集装箱运输巨型船舶。到 2009 年时，人们有望在波澜壮阔的海洋上，见到一艘单船运力达到 13 000 只国际标准集装箱的第七代集装箱运输船舶“海上超巨无霸”。之后展现在我们面前的将是可以装载 15 500～18 000 只国际标准集装箱的“兆级”超巨型第八代集装箱运输船。

相关链接　航速“节”

1 节＝1 海里（浬）/时＝1 852 米＝6 076.115 英尺

1 英海里＝1 853.184 米

集装箱运输船舶发展简表

起始时间	船　型	单船最大运输国际标准箱（只）
1966 年	第一代集装箱运输船	700～1 000
1971 年	第二代集装箱运输船	1 800～2 000
1973 年后	第三代集装箱运输船	3 000
1986 年	第四代集装箱运输船	4 400
1991 年	第五代集装箱运输船	4 800
1996 年	第六代集装箱运输船	8 600
2009 年	第七代集装箱运输船	13 000
2009 年后	第八代集装箱运输船	15 500～18 000

2. 集装箱运输船舶主要类型简介

目前用于水路运输的船舶主要包括集装箱运输船、油船、散货船三大船型。

所谓集装箱水路运输，就是集装箱船舶运输公司接受货物运输委托人的书面委托，将散装、件货、纸箱包装、木箱包装、桶装的，各类固体、液体、气体等货物，纳入国际标准的贱金属制的集装箱中，从发货人手中送到收货人手中。这种集装箱可以由一艘集装箱运输船直接运至目的港，但为了降低运输成本，也可以将其转到其他集装箱运输船上，转船运至目的港。显然，集装箱水路运输的关键在于，首先，必须要有能够安全、便捷运输集装箱的专用船舶；其次，水路运输所使用的集装箱规格，必须符合国际集装箱标准。目前所使用的集装箱运输船可分为全集装箱船、部分集装箱船和可变换集装箱船三种，其结构和形状不同于常规杂货船。集装箱运输船大多采用高航速行驶，通常为每小时 20～23 海里。近年来为了节能，一般采用经济航速，每小时 18 海里左右。在沿海短途航行的集装箱运输船，航速每小时仅为 10 海里左右。详见下表：

集装箱运输船舶类型表

船舶类型	船舶结构特征
全集装箱船	船舶外形狭长，为单甲板（即没有内部甲板），上甲板平直，货舱口的宽度为船宽的70%～80%，船舶操控舱设置在船舶上层的船尾或中后部，机舱多设在船尾，所以为尾机型或者中尾机型的船舶。船舱内有格栅式货架，装有垂直导轨，便于集装箱沿导轨放下，四角有格栅制约，可防倾倒。集装箱在集装箱船舶上采用积木式码放方式，甲板上一般码放2～4层集装箱，船舱内可码放3～9层集装箱。大多数船舶没有自身的吊装设备。
部分集装箱船	仅在船的中央部位设置集装箱的专用舱位，其他舱位仍装普通杂货。
可变换集装箱船	货舱内装载集装箱的结构是可拆装的。因此，它既可装运集装箱，必要时也可装运普通杂货。

集装箱运输船舶级别分类表

等　级	可以装载国际标准集装箱数（只）
F等级	3 161
F等级	3 218
ICE等级	2 808
ICE等级	4 402
P等级	4 500
S等级	5 344
S等级	5 390
S等级	5 714
SX等级	8 063

其他国际运输船舶简介

国际上水路运输所使用的船舶，除集装箱运输专用船舶外，还有其他类型的船舶。对于这些船舶，由于分类方式的差异，会出现同一条船舶名称不同的现象。按用途的不同可分为：

1. 客货船

客货船，是指除了载运旅客之外，还装载货物的船舶，货物主要装载在水线以下。

2. 普通货船（杂货船）

普通货船，俗称杂货船。杂货，也称统货，是指机器设备、建材、日用百货等各种物品。该船专门运输已经包装成捆、成包、成箱的杂货。杂货船有下列一些特征：

（1）载重量一般不大，远洋的杂货船总载重量为 10 000～14 000 吨；近洋的杂货船总载重量为 5 000 吨左右；沿海的杂货船总载重量为3 000吨以下。

（2）为了方便理货，杂货船一般设有 2～3 层甲板。载重量为万吨级的杂货船，设有 5～6 个货舱。机舱位置多数采用中后机型，也有的采用尾机型。

（3）杂货船一般都设有首楼，在机舱的上部设有桥楼。

（4）许多万吨级的杂货船，因压载的要求，常设有深舱，用来装载液体货物，如动植物油、糖、蜜等。

（5）杂货船一般都安装有自身的货物吊装起重设备，多数以吊杆为主，也有的装有液压旋转吊机。

（6）大多数杂货船，每个货舱有一个舱口，但少数杂货船根据装卸货物的需要，采用双排舱口。

（7）不定期的杂货船一般为低速船。远洋杂货船约为 14～18 节，续航力为 12 000 海里以上；近洋杂货船的船速约为 13～15 节；沿海杂货船的航速约为 11～13 节。

（8）杂货船的发动机一般都是一部主机，为单螺旋桨式。

3. 滚装船

滚装船，是指货物装卸不是从甲板上的货舱口垂直地吊进吊出，而是通过船舶首、尾或两舷的开口以及搭到码头上的跳板，用拖车或叉式装卸车把集装箱或货物连同带轮子的底盘，装入船舱的一种船舶。滚装船的主要优点是：

(1) 货物的装船，不需要起重设备。

(2) 到港后，货物在港口无需转载就可以直接被拖至收货地点。

这样的装卸方式，不但缩短了货物周转的时间，也减少了货物的损失。

4. 载驳货船（子母船）

载驳货船，是一种把驳船作为“浮动集装箱”，利用母船升降机和滚动设备将驳船（子船）载入母船，或利用母船上的起重设备把驳船由水面上吊起，然后放入母船体内的一种船舶。许多载驳货船的甲板上载有集装箱船。典型的载驳货船有下列四种：

(1) 普通载驳货船，又称拉西式载驳货船。它与全集装箱船一样，也是一种分格结构的船，舱内设有许多驳格，每一驳格内可装 4 层驳船，甲板上可堆装 2 层。

(2) 海蜂式载驳货船，又称西比式载驳货船。其特点是没有舱口，舱内设有三层全通甲板，驳船的装卸靠船尾升降井内设置的升降平台和小车水平滚动来装卸驳船。

(3) 双体载驳货船，又称巴卡侍载驳货船。这种船为双体结构，首部封闭而尾部分开，依靠升降平台和甲板上的滚轮装卸驳船。

(4) 浮坞式载驳货船，又称巴可型载驳货船。将母船沉入一定水深，用浮坞船将驳船浮进浮出，可多层装载驳船。

5. 干散货船（散货船）

干散货船，是指专门用于运输散装谷物、煤、矿砂、盐、水泥等大宗干散货物的船舶。因为干散货船所运输的货物品种单一，并且货物不需要包装成捆、成包、成箱，所以干散货船都设计为单甲板形式。总载重量在 50 000 吨以上的干散货船，一般不安装自身的起重设备。由于谷物、煤和矿砂等的积载因数（每吨货物所占的体积，用立方米/吨、立方英尺/吨表示）相差很大，所要求的货舱容积的大小、船体的结构、布置和设备等许多方面都有所不同。因此，一般习惯上仅把装载粮食、煤等货物积载因数相近的船舶，称为散装货船，而装载积载因数较小的矿砂等货物的船舶，则称为矿砂船。用于运输粮食、煤、矿砂等大宗散货的船通常分为如下几个级别：

（1）总载重量为100 000吨级以上的，称为好望角型船。

（2）总载重量为60 000吨级的，称为巴拿马型船。这是一种巴拿马运河所容许通过的最大船型。船长要小于245米，船宽不大于32.2米，最大的容许吃水量为12.04米。

（3）总载重量为35 000～40 000吨级的，称为轻便型散货船。吃水较浅，世界上各港口基本都可以停靠。

（4）总载重量为20 000～27 000吨级的，称为小型散货船。它是可驶入美国五大湖泊的最大船型。最大船长不超过222.5米，最大船宽小于23.1米，最大吃水量要小于7.925米。

6. 油船

油船，从广义上讲是指散装运输各种油类的船。除了运输石油外，还装运石油的成品油、各种动植物油、液态的天然气和石油气等。

（1）通常所称的油船，多数是指运输原油的船。

（2）装运成品油的船，称为成品油船。

（3）装运液态的天然气和石油气的船，称为液化气体船。

油船的载重量越大，运输成本越低。由于石油货源充足，装卸速度快，所以油船可以建造得很大。近海油船的总载重量为30 000吨左右，近洋油船的总载重量为60 000吨左右，远洋大油轮的总载重量为20万吨左右，超级油轮的总载重量为30万吨以上。世界上最大的油轮总载重量已达到56万吨。油船都是单甲板、单底结构，但是，为了防止油轮发生海损事故造成海洋污染，近年来有的大型油轮设置了双层经底或双层船壳。

7. 液化气体船

液化气体船，是指专门运输散装液态石油气和天然气的船，也有人称之为特种油船。按其运输时液化气的温度和压力，分为三种类型：

（1）压力式液化气体船：这种液化气体船，适用于近海短途运输少量的液化气体。它是在常温下，将气体加压至液化压力，把液化气贮藏在高压容器中进行运输。这种运输方式、船体结构及操作技术都比较简单，但容器重量大，船舶的容量利用率低。

（2）低温压力式液化气体船：把液化气体的温度控制在常温 45℃以下，但高于液化气体的沸点，在这样的温度范围内，把气体加压至液态进行运输。采用这种方式运输，对于液化气体的温度和压力都需要进行控制，舱内要隔热绝缘，并且设置冷冻装置。

（3）低温式液化气体船：在大气压力下，将气体冷却至液态温度以下进行运输。船上设有温度和压力控制装置。它适用于大量运输液化气体，目前这种类型的液化气体船较多。

8. 兼用船

兼用船，是指既可以装载原油，也可以装载散货或矿砂的两用船或三用船。散货船、矿砂船和油船等专用船舶，虽然载重量都比较大，但是由于所运输的货物种类单一，回航不能装运其他种类货物，只好压载空放。而兼用船是根据货物种类的变化，船舶在往返航程中，可以装载不同种类的货物。兼用船主要有下列两种类型：

（1）矿/油两用船，用于运输矿砂和原油。这种船的中间货舱比较窄，占整个船舶货舱船容的 40%～50%左右。运输矿砂时装在中间货舱内，而运输原油时，装在两侧边舱和中间舱内。

（2）矿/散/油三用船，用于运输矿砂、散货和原油。

运输船舶有关用语浅释

1. 船舶登记

船舶登记，是指每艘船舶都应该有国籍，应在某一个国家进行船舶登记，并有权悬挂该国的国旗。

2. 总登记吨

总登记吨，是指按照每吨 150 立方英尺测量出来的船舶总容积。

3. 净登记吨

净登记吨，是指从总登记吨中扣除机器所占空间和船员所居住的处所后，测量出的船舶容积。

4. 散装容积

散装容积，是指船舶所能装货的全部空间，包括舱口和为了装卸货物而在甲板上开口所占的容积。

5. 包装容积

包装容积，是指可用于包装货物的全部舱内空间。

6. 总载重吨

总载重吨，是指以重量吨表示的船舶装载能力。装载能力应是总载重吨中扣除燃料、装备品、水和食品所占的重量。

7. 载重线标志

载重线标志，是指表示不危及船舶安全所能装载货物的重大限度。从载重线到甲板的距离被称为干舷。

8. 船级

船级，对海上保险具有很重要的作用，因为船级高的船舶所缴纳的保费比低船级的船舶要少。

9. 班轮运输

班轮运输，是指运输船舶按照规定的时间，提供定期的运输服务。班轮运输，通常承运零散的或小批量的货物。在班轮运输所使用的船舶上，货物的装卸是利用船上自身的吊杆或起重机装卸货物，到船上后，再由人工进行货物积载。

国际海运组织

随着国际水路运输业务的不断发展，各国政府组织、非政府组织以及海运企业相继成立了一些国际海运组织。这些组织在保证海运安全、建立国际公约和提供海运服务等方面有着重要作用。

1. 政府间的国际组织（Inter-Government Organization，IGO）

国际海事组织（International Maritime Organization IMO）是联合国在海事方面的一个技术咨询和海运立法机构，是政府间的国际组织。国际海事组织原名为“政府间海事协商组织”，于1958年2月9日成立于日内瓦，1982年5月22日更名为“国际海事组织”。所有联合国的成员国均可成为会员国。我国于1973年3月正式参加IMO，1975年当选为理事国，IMO下设五个委员会。

IMO的宗旨是：“在与从事国际贸易有关的各种航运技术事宜的政府规定和惯例方面，为各国政府提供合作机会，并在与海上安全、航行效率和防止及控制船舶造成对海洋污染有关的问题上，鼓励各国普遍采用最高的可行标准并为之提供便利。”国际海事组织还负责处理与这些宗旨有关的行政和法律事宜。

2. 非政府间国际组织（Non-Government Organization，NGO）

（1）波罗的海国际海事委员会（Baltic and International Maritime Council，BIMCO）

BIMCO成立于1905年，总部设在哥本哈根。该协会的宗旨是保护会员利益，为会员提供情报咨询服务，避免运价投机和不合理的收费与索赔，拟定和修改标准租船合同和其他货运单证，出版航运业务情报资料等，情报咨询是该协会的基本活动。其服务项目包括：解释租船合同条款或在发生争议时提供咨询服务，提供港口及航线情况，提供港口费用和付费账单等具体资料。

（2）国际海事委员会（Committee Maritime International，CMI）

CMI于1897年成立于布鲁塞尔。它的宗旨是促进海商法、海运关税和各种海运惯例的统一。它的主要工作是草拟各种有关海上运输的公约，如有关提单、有关责任制、有关海上避碰、有关救助等方面的国际公约草案。

（3）国际航运组织（International Chamber of Shipping，ICS）

3. 海运企业间的组织

由国际海运企业创立的具有经营协作性质的国际组织，主要有班轮公会、协商协议、联营体、战略联盟等形式。班轮公会（Liner Conference）与联营体（Consortium or Consortia）是具有代表性的有经营协作性质的航运企业间的国际组织。

（1）班轮公会

班轮公会是指在同一航线或相关航线上经营班轮运输的两家以上的运输企业，为了避免相互之间的激烈竞争，通过制定统一的费率或最低费率以及在经营活动方面签订协议，而组成的联合经营组织。世界上第一个班轮公会于1875年诞生在英国至加尔各答航线上，然后发展遍及全世界，到20世纪70年代初，全世界有360多家班轮公会。

班轮公会有两方面的主要业务：一是通过协定费率、统一安排营运、统筹分配收入、统一经营等方法限制和调节班轮公会内部会员相互间竞争的业务活动；二是通过延期回扣制、合同费率制、联运协定、派出“战斗船”等方式防止或对付来自公会外部的竞争，以达到垄断航线货载的目的。

（2）联营体

国际班轮运输市场上以班轮公会为主要组织形式的旧体制，已越来越难以适应市场的新需要。20世纪70年代，一些船公司开始组织或加入联营行列，出现了公会内部成员公司组成的非独立法人的联营体。联营体是指达成一致协议的两个或两个以上主要通过集装箱方式提供国际班轮货物运输服务的船公司。该协议可以是关于一条或数条航线的贸易，协议的目的是在提供海运服务时共同经营、相互协作、提高服务质量，主要方式是利用除固定价格以外的技术、经营、商业安排等使各自的经营合理化。

1995年，随着欧亚航线几个主要联营体的期满解散，各大班轮公司迅速进入新一轮的组合，并将这种联营行动从欧亚航线推广到亚洲/北美航线、欧洲/北美航线，航运联营体由此进入一个新的阶段——战略联盟。战略联盟的目的是在一些公司之间建立起基于全球范围内的合作协议，它不统一运价，而是通过舱位互租、共同派船、码头经营、内陆运输、集装箱互换、船舶共有、信息系统共同开发、设备共享等各种方式，致力于集装箱合理运作的技术、经营或商业协定。

第二节　集装箱的种类及其规格

集装箱作为一种特殊的运输工具，虽然有很多种类，但必须同时满足以下要求：

1. 具有耐久性，其强度坚固，足以反复使用。

2. 为方便商品运送专门设计的，运输时无需中途换装。

3. 设有便于装卸和搬运的装置，特别是便于从一种运输方式转移到另一种运输方式。

4. 便于货物装满或卸空。

5. 内容积为 1 立方米或 1 立方米以上。

集装箱的种类可以根据对其的使用、所装货物的类型以及制造集装箱的材料、结构、强度、尺寸等进行划分。对于集装箱的规格，本书将以国际标准集装箱规格为例予以介绍。

按集装箱标准分类

集装箱标准按使用范围，目前分为国际标准集装箱、国家标准集装箱、地区标准集装箱和公司标准集装箱四种。

1. 国际标准集装箱

国际标准集装箱是指根据国际标准化组织（ISO）第 104 技术委员会制定的国际标准，来建造和使用的四大系列十三种标准集装箱。集装箱国际标准见下表：

集装箱标准载重对照表

集装箱箱型	规格（ft）	长度（mm）	宽度（mm）	高度（mm）	总重量（kg）
1AA	40	12 192	2 438	2 591	30 480
1A	40	12 192	2 438	2 438	30 480
1AX	40	12 192	2 438	2 438	30 480
1AAA	40	12 192	2 438	2 896	30 480
1BB	30	9 125	2 438	2 591	25 400
1B	30	9 125	2 438	2 438	25 400
1BX	30	9 125	2 438	2 438	25 400
1BBB	30	9 125	2 438	2 896	25 400
1CC	20	6 058	2 438	2 591	24 000
1C	20	6 058	2 438	2 438	24 000
1CX	20	6 058	2 438	2 438	24 000
1D	10	6 058	2 438	2 438	10 160
1DX	10	6 058	2 438	2 438	10 160

说明：

1. 十三种集装箱的宽度是一样的。

2. 总重量是指载货重量与集装箱自重之和，每个集装箱的自重在集装箱的右上方有标示。

3. 20 英尺集装箱的容积为 25～30 立方米，40 英尺集装箱的容积为 63～68 立方米。每个集装箱的容积取决于箱型和壁厚。

2. 国家标准集装箱

是指各国政府参照国际标准并考虑本国的具体情况，而制定的本国集装箱标准。中华人民共和国国家标准局于 1978 年 10 月 1 日发布实施了国家标准 GB1413—78《货物集装箱外部尺寸和重量的系列》，其中规定集装箱外部尺寸和总重系列见下表：

型号	外部尺寸（单位：毫米）			集装箱皮重与货物的最大总重量（单位：千克）
	长	宽	高	
1AA	12 192	2 438	2 591	30 480
1CC	6 058	2 438	2 591	20 320
10D	4 012	2 438	2 438	10 000
5D	1 968	2 438	2 438	5 000

3. 地区标准集装箱

此类集装箱标准是由地区组织根据该地区的特殊情况制定的，此类集装箱仅适用于该地区。如根据欧洲国际铁路联盟（VIC）制定的集装箱标准而建造的集装箱。

4. 公司标准集装箱

某些大型集装箱船舶公司，根据本公司的具体情况和条件而制定的集装箱船舶公司标准，这类集装箱主要在该公司的运输范围内使用。如美国海陆公司非国际标准长度的 35 英尺（10 668 毫米）集装箱，总统轮船公司的 45 英尺（13 716 毫米）及 48 英尺（14 630 毫米）集装箱；非国际标准高度的集装箱，主要有 9 英尺（2 743 毫米）和 9.5 英尺(2 896 毫米)两种高度的集装箱；非国际标准宽度的集装箱，有 8.2 英尺（2 499 毫米）宽度的集装箱等。

按集装箱箱体的用途分类

根据集装箱的用途不同，可以将其分为以下几种：

1. 干货集装箱（Dry Cargo Container）

通常称其为杂货集装箱。这是一种通用集装箱，用以装载除散装液体货物、需要控制温度的货物及特种货物以外的一般杂项货物。如钢材、石材、木材、玻璃制品、橡胶制品、塑料制品、常温商品、机械设备、仪器仪表、服装、纺织原料等，因此，这种集装箱使用范围非常广泛。常用的有 20 英尺和 40 英尺两种，其结构特点常为封闭式，一般在一端或侧面设有对开的箱门。

2. 开顶集装箱（Open Top Container）

开顶集装箱也称敞顶式集装箱。该集装箱的结构特征是没有与箱体为一体的箱顶，但有可折式顶梁支撑的帆布或涂塑布制成的顶篷，并且利用钢索将其与箱体连接在一起，以利于保护商品和海关对其施加封志。该集装箱的其他结构与干货集装箱类似。开顶集装箱主要适于装载较长的大型货物和需要吊装装箱的重货。

3. 框架式集装箱（Flat Rack Container）

框架式集装箱是没有箱顶和侧壁，甚至有的连前后端壁也去掉，仅有底板和四个角柱的集装箱。框架式集装箱可分为敞侧框架式、全骨架框架式、有完整固定端壁的框架式、无端壁仅有固定角柱和底板的框架式集装箱等。

框架式集装箱虽然有很多类型，但它们的主要目的是为了保持其纵向强度，因此，该箱的箱底比普通集装箱厚，而其内部高度则比一般集装箱低。在该箱的下侧梁和角柱上，还专门设有用于加固所装载货物的系环。因为框架式集装箱没有任何的水密性，所以，怕水湿的货物不能装运，但是非常适合装载形状不一的货物，如太湖石、花岗岩、大理石毛料等货物。

4. 平台式集装箱（Plat Form Container）

平台式集装箱是仅有底板而无上部结构的一种集装箱。其形状类似于铁路的平板车，长度可达 6 米以上，重量可达 40 吨，如果将两只集装箱联结在一起，就可以装载 80 吨货物。该集装箱装卸作业方便，适于装载较长、重的大件货物。

5. 通风集装箱（Ventilated Container）

通风集装箱一般在侧壁或端壁上设有通风孔，内壁涂塑料层，适于装载不需要冷藏而需通风、防止潮湿的货物，如水果、蔬菜等。如将通风孔关闭，可作为杂货集装箱使用。

6. 冷藏（冷冻）集装箱［Reefer（Refrigerate）Container］

这是一种专为运输要求保持一定温度的冷冻货或低温货而设计的集装箱。它分为带有冷冻机的内藏式机械冷藏（冷冻）集装箱和外置式机械冷藏（冷冻）集装箱。适用于装载肉类、水果等货物，其温度可以控制在－28℃～＋28℃。冷藏（冷冻）集装箱造价较高，营运费用较高，使用中应注意冷冻装置的技术状态及箱内货物所需的温度，并且注意集装箱与集装箱运输船舶或者集装箱场站的通电情况，以保证集装箱内所需的温度。

7. 散装粉末货集装箱（Free Flowing Bulk Material Container）

散装粉末货集装箱除了有箱门外，在箱顶部还设有 2～3 个装货口，适用于装载粉状或粒状货物。使用时要注意保持箱内清洁干净，两侧保持光滑，便于货物从箱门卸货，也可以采用喷管或者吸管装卸货物。

8. 动物集装箱（Pen Container）

这是一种专供装运牲畜的集装箱。为了实现良好的通风，箱壁用金属丝网制造，侧壁下方设有清扫口和排水口，并设有喂食装置。

9. 罐式集装箱（Tank Container）

这是一种专供装运液体货物而设置的集装箱，如酒类、油类及液状化工品等货物。它由罐体和箱体框架两部分组成，装货时货物由罐顶部装货孔进入，卸货时，则由排货孔流出或从顶部装货孔吸出。

10. 汽车集装箱（Car Container）

这是一种专为装运小型轿车而设计制造的集装箱。其结构特点是无侧壁，仅设有框架和箱底，可装载一层或两层小轿车。

11. 保温集装箱（Insulated Container）

保温集装箱内有隔热层，箱顶部装有能够调节角度的进出风口，可以利用外界风向和自然空气调节箱内的温度，进出风口关闭后，能在一定时间内保持箱内的温度。该种集装箱适宜用来装运对温度比较敏感的货物。

12. 挂衣集装箱（Dress Hanger Container）

这是一种专门为服装出口加工企业进行厂（生产工厂）—场（零售市场）服务而制作的集装箱。其外部结构与干货集装箱相同，箱内设有固定在箱体上的，并且带有若干孔的横梁和立梁，同时在每个孔系上尼龙绳的环。服装出口加工企业根据客户的要求，生产后的服装不需要进行任何包装，将商标、尺码牌、成分牌、洗涤牌、提示牌、价格牌、产地牌按照要求订挂后，即挂在衣架上，然后，再将这些带有服装的衣架逐一挂在集装箱内的每一个尼龙环中。

13. 兽皮集装箱（Hide Container）

兽皮集装箱，是一种专门设计用来装运生皮等带有渗漏性质货物的集装箱，该集装箱设有双层箱底，上层码放货物，底层可存贮渗漏出来的液体。

按集装箱箱体制作所使用的材料分类

由于集装箱在运输途中常受各种力的作用和环境的影响，因此集装箱的制造材料要有足够的刚度和强度，应尽量采用质量轻、强度高、耐用、维修保养费用低的材料，并且材料既要价格低廉，又要便于取得。按制造材料区分，集装箱可以分为以下几种类型：

1. 木制集装箱

这是一种既古老又现代的集装箱，它是集装箱的雏形，没有固定形状和尺寸，更没有国家标准和国际标准。现在主要作为生产企业自用的零部件、半成品的周转箱。

2. 钢铁制集装箱

这是一种最常见的集装箱，最早出现在铁路运输中。集装箱除箱底部的地板采用木制外，其他部分全部由具有很高强度的钢铁制成。最大优点是强度高、结构牢、焊接性和水密性好、价格低、易修理、不易损坏，主要缺点是自重大、抗腐蚀性差。20 世纪 60 年代中期，随着钢铁制集装箱国际标准的出现，各国自行设计生产的非国际标准的钢铁制集装箱自行退出了国际贸易货物的水路、公路及铁路运输。非国际标准的钢铁制集装箱，现在仍然作为生产企业自用的零部件、半成品的周转箱。

3. 铝合金制集装箱

铝制集装箱有两种，一种为钢架铝板集装箱，另一种为仅框架两端用钢材，其余用铝材的集装箱。主要优点是自重轻、不生锈、表面美观、弹性好、不易变形，主要缺点是造价高，受碰撞时易损坏。现代专门为航空运输制作的集装箱，全部由具有很高强度的铝合金制成。为了适于航空运输，根据机舱的空间几何形状，有的集装箱一边侧面还制成了弧形。当然，除用于航空运输的铝合金制集装箱外，目前仍然有作为生产企业自用的零部件、半成品的周转所使用的铝合金制集装箱。

4. 玻璃钢制集装箱

这是一种随着人类材料科学的发展而产生的集装箱，主要由环氧树脂加化学纤维制作而成。玻璃钢制集装箱是在钢铁制框架上装上玻璃钢复合板构成的。主要优点是内外部不需要进行日常防腐处理，隔热性强、耐油、耐酸、耐碱、耐腐蚀性好，并且具有耐一定机械外力的能力，应力大，易清扫，修理简便，集装箱内容积较大等特点。其主要缺点是自重较大，造价较高。目前被广泛用于盛装具有腐蚀性货物的运输和作为生产企业自用的周转箱。

5. 不锈钢制集装箱

这是一种不常见的集装箱，集装箱除箱底部的地板采用木制外（有的地板也为不锈钢），其他部分全部由具有很高强度的不锈钢制成。另外还有采用不锈钢制作的罐式集装箱。不锈钢制集装箱的主要优点是强度高、不生锈、耐腐性好，缺点是投资大。目前，主要用于承载食品、药品、化工原料、精细化学品等货物。非国际标准的不锈钢制集装箱，作为生产企业自用的零部件、半成品的周转箱使用。

按集装箱箱体结构分类

集装箱箱体按其制造结构，可以分为三种类型：

1. 内柱式与外柱式集装箱

采用这种结构方式制作的集装箱，主要是指用铝合金材料制作的集装箱。“内柱式”是指集装箱的侧柱（或端柱）位于侧壁或端壁之内；“外柱式”是指集装箱的侧柱（或端柱）位于侧壁或端壁之外。显然，“外柱式”集装箱的生产工艺相对简单，可以节约成本。

2. 折叠式集装箱

折叠式集装箱的主要部件如侧壁、端壁和箱顶，能简单地折叠或分解，再次使用时，可以方便地将其重新组合起来。这类集装箱可以节省集装箱场站的堆存空间和集装箱运输船舶的仓位空间。

3. 薄壳式集装箱

薄壳式集装箱，是把所有部件组成一个钢体，它的优点是重量轻，应力大，可以适应所发生的扭力而不会引起永久变形。

按集装箱箱体容积分类

集装箱内部尺寸是指其内部的最大长、宽、高尺寸。高度为箱底板面至箱顶板最下面的距离，宽度为两内侧衬板之间的距离，长度为箱门内侧板量至端壁内衬板之间的距离。集装箱内部尺寸，决定着集装箱的内容积和允许装载货物的最大尺寸。同一规格的集装箱，由于结构和制造材料的不同，其内容积略有差异。所以，集装箱的内容积是出口配载操作人必须掌握的重要技术资料。各类集装箱的内容积及配载毛重，详见下表：

集装箱内容积及配载重量表

集装箱类型	箱内			外形尺寸			容积（立方米）	载荷毛重（吨）
	长	宽	高	长（米）	宽（米）	高（米）		
20英尺类集装箱								
20英尺普通箱	20英尺	8英尺	8.6英尺	5.93	2.34	2.4	33.3	19
20英尺普通干货箱	20英尺	8英尺	8.6英尺	5.69	2.13	2.18	26.4	17.5

续表

集装箱类型	箱内			外形尺寸			容积（立方米）	载荷毛重（吨）
	长	宽	高	长（米）	宽（米）	高（米）		
20英尺开顶箱	20英尺	8英尺	8.6英尺	5.89	2.32	2.31	31.5	20
20英尺平底箱	20英尺	8英尺	8.6英尺	5.85	2.23	2.15	28	23
20英尺普通箱	20英尺	8英尺	8.6英尺	12	2.35	2.36	66.55	27
20英尺冷藏箱	20英尺	8英尺	8.6英尺	5.44	2.28	2.14	26.54	20
20英尺挂衣箱	20英尺	8英尺	8.6英尺	5.9	2.35	2.39	33.14	22
20英尺框架箱	20英尺	8英尺	8.6英尺	5.7	2.24	2.17	33.14	28
40英尺类集装箱								
40英尺普通干货箱	40英尺	8英尺	8.6英尺	11.8	2.13	2.18	54.7	22
40英尺开顶箱	40英尺	8英尺	8.6英尺	12.01	2.33	2.15	65	30.4
40英尺平底箱	40英尺	8英尺	8.6英尺	12.05	2.12	1.96	50	36
40英尺普通高箱	40英尺	8英尺	9.6英尺	12	2.34	2.68	75.25	27
40英尺高干货箱	40英尺	8英尺	9.6英尺	11.8	2.13	2.72	68.3	22
40英尺冷藏箱	40英尺	8英尺	8.6英尺	11.5	2.25	2.11	54.6	27
40英尺挂衣箱	40英尺	8英尺	8.6英尺	12	2.35	2.39	67.4	27
40英尺框架箱	40英尺	8英尺	8.6英尺	12	2.24	2.03	54.45	40
40英尺以上类集装箱								
45英尺高干货箱	45英尺	8英尺	9.6英尺	13.58	2.34	2.71	86.1	29

常用集装箱箱门规格表

集装箱类型	规格	门高（米）	门宽（米）
普通箱	20英尺GP	2.34	2.31
普通箱	40英尺GP	2.28	2.26
普通高箱	40英尺HG	2.34	2.58

续表

集装箱类型	规格	门高（米）	门宽（米）
普通箱	45 英尺 GP	2.34	2.58
开顶箱	20 英尺 OT	2.33	2.24
开顶箱	40 英尺 OT	2.33	2.23
冷藏箱	20 英尺 RF	2.26	2.21
冷藏箱	40 英尺 RF	2.28	2.17
挂衣箱	20 英尺 HG	2.34	2.28
挂衣箱	40 英尺 HG	2.34	2.28
框架箱	20 英尺 FR	0	0
框架箱	40 英尺 FR	0	0
平板箱	40 英尺	0	0
半高箱	20 英尺	0	0

集装箱的其他分类

1. 按集装箱的总重分类

集装箱按照其结构和规格的不同设计，可以按其箱体和其最大装载重量之和，划分为总重为 30 吨集装箱、20 吨集装箱、10 吨集装箱、5 吨集装箱、2.5 吨集装箱等。

2. 按集装箱其他用途分类

虽然人类发明和生产集装箱的目的，是为了实现货物的集中运输，加快各国之间的物资交流，扩大进出口贸易。但是，自从集装箱诞生以来，尤其是 20 世纪 60 年代国际标准集装箱产生后，由于其具有坚固耐用，便于长途运输，维修简单，密封严实，相对自身成本较低，堆放环境要求不严格等特点，集装箱的用途已经逐步扩大。

目前的集装箱的用途已经不仅仅局限于单一的运输工具。特别是经过改造的集装箱，其用途更是名目繁多，下面仅举几例予以说明：

(1) 战地医院集装箱

战地医院集装箱，规格一般以20英尺集装箱为一个单元，外部喷涂为适宜战争伪装需要的迷彩色，或者挂有迷彩网，内部设有必要的医疗、抢救设备。使用时，既可以单独使用，也可以将多只集装箱任意组合、贯通在一起使用。

(2) 战地指挥通信集装箱

战地指挥通信集装箱，规格一般以20英尺集装箱为一个单元，外部喷涂为适宜战争伪装需要的迷彩色，或者挂有迷彩网，内部设有必要的指挥、通信设备。使用时，既可以单独使用，也可以任意将多只集装箱组合、贯通在一起使用。

(3) 科学考察集装箱

科学考察集装箱，规格一般以40英尺集装箱为一个单元，外部喷涂适宜科学考察的色彩，如红色、白色、蓝色、绿色、橘黄色等，并且贴有明显的科学考察标志；内部设有科学考察项目的专用设备，如古人类考察、文物考察、濒危野生动植物考察、冰川考察、地震考察、极地考察设备等。使用时，既可以单独使用，也可以任意将多只集装箱组合、叠加、贯通在一起使用。

(4) 野外发电、配电集装箱

野外发电、配电集装箱，规格一般以20英尺集装箱为一个单元，外部一般喷涂为非常醒目的橘黄色，内部设有以柴油发动机为动力的发电设备，其可以在非正常情况下、野外作业或者非常时期、非常地区供应急需的部分电力。如国家重要部门、国家重点设施、医院、地质勘探、救灾、救治等。使用时，既可以单独使用，也可以任意将多只野外发电、配电集装箱组合在一起，并联发电。

(5) 体育运动集装箱

体育运动集装箱，一般分为两种，一种是专门存放体育器材用的器材集装箱，如专门用于运输、存放皮划艇的皮划艇集装箱，另外一种是运动员临时生活休息用的赛地休息集装箱。

器材集装箱的规格，一般是按照体育器材的规格而特殊制定的，可以不受集装箱国际标准的限制，集装箱的长度，一般都超过40英尺，外部喷涂各个国家体育代表队的标志和颜色。器材集装箱内部，设有专门用于装载和存放体育器材的特制货架和固定装置，如比赛用的皮划艇，在器材集装箱内，固定在带有脚轮的金属架上，这样不但便于皮划艇的长途运输，也很容易将其装入或者运出集装箱。使用时，一般是单独使用。

赛地休息集装箱的规格，一般以20英尺集装箱为一个单元，外部喷涂各个国家体育代表队的标志和颜色。赛地休息集装箱内部，主要安装的是供运动员临时比赛训练休息和简单医疗所需的设施，并且带有空气调节设备。使用时，既可以单独使用，也可以将多只集装箱任意组合、贯通在一起使用。

关于此类集装箱，还有适于汽车越野拉力赛、环法自行车赛、铁人三项运动等项目所需的特殊集装箱。

(6) 办公用集装箱

办公用集装箱，分为移动式和基地式两种。

移动式办公用集装箱，规格一般以20英尺或40英尺为一个单元，内部设有临时办公所需的设备和通信设备。使用时，既可以单独使用，也可以任意将多只集装箱组合、贯通在一起使用。移动式办公用集装箱，非常适宜抢险救灾和建筑施工等使用。

基地式办公用集装箱，规格一般以20英尺或40英尺为一个单元，内部设有加厚的保温层和长期办公所需的设备及通信、空气调节设备。使用时，可以单独使用，但是大部分是将多只集装箱组合、叠加、贯通、焊接在一起，外部配有金属制的楼梯和连接各个房间的通廊，顶部加有遮阳和太阳能及防止雷击的设备，是一座全部用钢铁材料制作的“简易楼”。基地式办公用集装箱，非常适宜在集装箱堆场、自然保护区、地质条件恶劣的地区使用。

(7) 旅馆式集装箱

旅馆式集装箱，多为基地式。

旅馆式集装箱，规格一般以20英尺或40英尺为一个单元，内部设有加厚的保温层和长期旅游生活所需的设备及通信、空气调节设备等。使用时，一般将多只集装箱按二或三层组合、叠加、贯通、焊接在一起，外部配有金属制的楼梯和连接各个房间的通廊，顶部加有遮阳和太阳能及防止雷击的设备，成为一座全部用钢铁材料制作的旅馆。旅馆式集装箱，非常适宜在自然保护区旅游使用。

（8）餐厅式集装箱

餐厅式集装箱，分为移动式和基地式两种。

移动式餐厅集装箱，规格一般以40英尺为一个单元，分为厨房集装箱和餐厅集装箱。厨房集装箱内部设有必需的中西餐设备。餐厅集装箱内，既有供情侣使用的半开放式的小包厢，也有供多人使用的大餐厅。使用时，既可以单独使用，也可以任意将多只集装箱组合、贯通在一起使用。若将其串联使用，就形成了一列“火车”餐厅；并联使用，就形成了移动式大餐厅。移动式餐厅集装箱，非常适宜在旅游景区和临时群众集会场所供应快餐时使用。

基地式餐厅集装箱，规格一般以20英尺或40英尺为一个单元，内部设有加厚的保温层、厨房、餐厅等相对长期使用所需的设备及空气调节设备等。使用时，将多只集装箱组合、叠加、贯通、焊接在一起，外部配有金属制的楼梯和连接各个房间的通廊，顶部加有遮阳、太阳能及防止雷击的设备，并且可以将其装饰成为一座古城堡、一艘陆地游轮。基地式餐厅集装箱，非常适宜在港口码头、旅游景区、自然保护区等地区使用。

集装箱箱体编号

作为国际运输并且符合国际标准的任何一个集装箱，都会在箱体的5个部位明显印有一个11位的标记，这个标记是该集装箱在全球唯一的标记，也是该集装箱的“身份证”号。国际ISO组织规定：集装箱外部的标记由集装箱箱主代号、箱体顺序号、核对数字三部分组成。其中的集装箱箱主代号由四个英文字母组成，箱体顺序号、核对数字由七位阿拉伯数字组成。

1. 集装箱箱主代号

集装箱箱主代号的四个英文字母，前3个字母是箱主（船公司、租箱公司或者国家）的代码，比如中国远洋运输集团为CBH，中海公司为CCL，弘信为TGH（如图所示），澳大利亚为AUS，荷兰为NLX，加拿大为CND等。任何一个集装箱第4个英文字母都是U，U代表集装箱。

2. 箱体顺序号

箱体顺序号是各集装箱箱主按序编排的，通常1和9开头的集装箱是特种箱（冷藏集装箱、45英尺超高干货集装箱、挂衣集装箱、兽皮集装箱、罐式集装箱、汽车集装箱、粉末货集装箱）。

数字4、7、8开头的是大柜（40英尺），2、3开头的是小柜（20英尺）。

最后，在白色框中的一个数字是集装箱的识别码。该识别码由0～9组成。用于扩大编号范围。

3. 箱型代码

标记：22G1

22为尺寸代码，表示集装箱的外形尺寸，G1为箱型代码，表示集装箱的箱型及其特征。G1表示货物上部空间设有透气孔的通用集装箱。

4. MAX. GROSS、TARE、PAYLOAD、CUBE

MAX. GROSS为额定重量（总重），是指自重与载重之和。TARE为自重，是指集装箱本身的重量，即空箱质量。PAYLOAD为载重量，是指载货量，它是集装箱最大容许承载的货物重量。CUBE为箱的容积。

5. 侧壁上的标记

(1) 超高标记

凡箱高超过2.6m（8ft6in）的集装箱均应标打下列必备标记：

1）在集装箱两侧标打集装箱高度标记，该标记为黄色底上标出黑色数字和边框。

2）在箱体每端和每侧角件间的顶梁及上侧梁上标打长度至少为300mm（12in）的黄黑斜条的条形标记。

（2）通行标记

集装箱在运输过程中要能顺利地通过或进入他国国境，箱上必须贴有按规定要求的各种通行标记，主要有：安全合格牌照、集装箱批准牌照、检验合格徽、防虫处理板和国际铁路联盟标记。

（3）危险品标记

装有危险货物的集装箱，应有规格不小于250mm×250mm的至少4幅“海运危规”类别标志，并贴于外部明显的地方。（详细可参考附录11“危险品货物标志”）

集装箱外部颜色说明

现在使用的集装箱有各种单一的颜色（除军用集装箱涂有各种迷彩色外）。有些读者提出集装箱是否可以按照外表的颜色进行分类，回答是否定的。集装箱的颜色既可以根据各国各箱主的民族习惯、喜好以及识别方便进行设计，也可以为了海上救险和保温需要甚至于战争需要进行设计。如大部分集装箱外表喷涂上各种醒目的棕红色，这不但有利于集装箱堆场的管理人员识别，而且更加有利于海上救险；根据冷藏集装箱货物保温的需要，为了减少阳光的辐射，其外表均涂上白色或者银白色；当然也有些集装箱箱主，在自己的集装箱外部喷涂上企业固有的颜色，如中国远洋运输集团所属的集装箱外部颜色为浅灰色。另外，为了战争时军事运输的需要，也可以将集装箱外部喷涂上迷彩色。

第三节　集装箱的有关用语

集装箱的有关用语浅释

1. 自然集装箱

自然集装箱（unit），是统计集装箱数量时用的一个术语，也称“实物箱”。自然箱是不进行换算的实物箱，即不论是40英尺集装箱、30英尺集装箱、20英尺集装箱，还是10英尺集装箱均可作为一个集装箱统计。

2. TEU

TEU是英文Twenty Equivalent Unit的缩写，是以长度为20英尺的集装箱为国际计量单位，也称国际标准箱单位。通常用来表示船舶装载集装箱的能力，也是集装箱、港口吞吐量和海关的重要统计、换算单位。

3. 集装箱租赁公司

集装箱租赁公司（Container Leasing Company），是指专门经营集装箱出租业务的企业。集装箱租赁，即集装箱的所有人将空集装箱租给使用人的一项业务。集装箱所有人为出租方，使用人一般是船公司或货主，为承租方。双方签订租赁合同后，由出租人按承租人的要求提供合格的集装箱，交承租人在约定的时间、范围内使用。集装箱的租赁业务，在国际上有程租、期租、活期租用和航区内租赁等形式。通过本书的附录3，可了解外国部分集装箱公司所拥有的集装箱字头。

4. 集装箱堆场

集装箱堆场（Container Yard），是指办理集装箱重箱或空箱装卸、转运、保管、交接的场所。另外还担负着清洁、修理集装箱的业务。

包括：

(1) 集装箱前方堆场

集装箱前方堆场，是指在集装箱码头前方，为加速船舶装卸作业，暂时堆放集装箱的场地。其作用是：当集装箱船到港前，有计划、有次序地按积载要求将出口集装箱整齐地集中堆放，卸船时将进口集装箱暂时堆放在码头前方，以加速船舶装卸作业。

(2) 集装箱后方堆场

集装箱后方堆场，是指集装箱重箱或空箱进行交接、保管和堆存的场所。有些国家对集装箱堆场并不分前方堆场或后方堆场，统称为堆场。它是集装箱装卸区的组成部分，是集装箱整箱货办理交接的场所。

(3) 集装箱空箱堆场

集装箱空箱堆场，是指专门办理空集装箱的收集、保管、堆存或交接的场所。它是专为应对集装箱装卸区或转运站堆场不足而设立的。这种堆场不办理重箱或货物交接。它可以单独经营，也可以由集装箱装卸区在区外另设。有些国家，经营这种空箱堆场，须向航运公会声明。

5. 集装箱货运站

集装箱货运站（Container Freight Station），是指为拼箱货装箱和拆箱的船、货双方办理交接的场所。承运人在一个港口或内陆城市只能委托一个集装箱货运站的经营者，由他代表承运人办理下列主要业务：

(1) 拼箱货的理货和交接

(2) 对货物外表检验如有异状时，就办理批注

(3) 拼箱货的配箱积载和装箱

(4) 进口拆箱货的拆箱和保管

(5) 代承运人加铅封并签发站收据

(6) 办理各项单证的编制

6. 集装箱装卸区

集装箱装卸区，是指集装箱在运输中，集装箱或其所装载的货物装卸、交换、保管的具体经办部门。集装箱装卸区一般由专用码头、前沿、堆场、货运站、指挥塔、修理部门等组成。有时堆场或货运站等可延伸

到市区内部5～15公里的中转站处。集装箱装卸区接受承运人或其代理人的委托，进行下列各项业务：

(1) 对整箱货物的运输、交换、保管。

(2) 设有集装箱货运站的集装箱装卸区，可以办理拼箱货物的交接手续。

(3) 安排集装箱运输船的泊位停靠，装卸集装箱。

(4) 编制各航次的集装箱配载图。

(5) 办理有关货运单证的编制和签发。

(6) 编制并签验集装箱运载工具的出入及流转的有关单证。

(7) 办理集装箱及运载工具、装卸工具的情况检查维修，以及空箱的清扫、熏蒸等工作。

(8) 空箱的收发、存贮和保管。

(9) 安排空箱和重箱在堆场的堆码，编制场地分配计划和其他有关业务工作。

7. 中转站或内陆站

中转站或内陆站，是指海港以外的集装箱运输的中转站或集散地。它的作用是除了没有集装箱专船的卸作业外，其余均与集装箱装卸区业务相同。中转站或内陆站的范围，包括集装箱装卸港的市区中转站、内陆城市、内河港口的内陆站。

8. 无船经营人

(1) 无船经营人（Non-Vessel Operating Common Carrier，简写NVOCC），是指专门经营集装箱货运的揽货、装拆箱、内陆运输及经营中转站或内陆站业务的企业。无船经营人可以具备实际运输工具，也可不具备实际运输工具。对真正的货主来讲，无船经营人是承运人；而对实际承运人来说，他们又是托运人。通常情况下，无船承运人应受所在国法律的制约，在政府有关部门登记。

(2) 实际承运人

实际承运人（Actual Carrier），是指掌握运输工具并参与集装箱运输的承运人。通常实际承运人拥有大量集装箱，以利于集装箱的周转、调拨、管理以及集装箱与其他运输工具(如船舶、汽车、火车)的衔接。

9. 责任

(1) 托运人责任 (Shipper's Liabilities)

托运人责任，是指托运人在集装箱运输中应具有的责任。这种责任，按照所运输货物的形式加以区分，拼箱货托运人的责任与传统海运相同，整箱货托运人的责任不同于传统运输责任的有：

1) 应保证所报货物运输资料的正确和完整。

2) 承运人有权核对箱内所装货物，并且因核对货物而发生的费用，由托运人承担。

3) 海关或其他权力机关开箱检查，其费用和由此发生的货损货差，由托运人承担。

4) 如果集装箱货不满、垫衬不良、积载不当或是装了不适于集装箱运输的货物，引起的货损、货差，一律由托运人负责。

5) 如使用了托运人自有的不适合航运的集装箱，所引起的货损事故，应由托运人负责。

6) 在使用承运人集装箱及设备期间，造成第三者财产或生命的损害，应由托运人负责赔偿。

(2) 责任限制

责任限制 (Limits of Liability)，是指集装箱在运输过程中发生货损、货差，承运人应承担的最高赔偿额。拼箱货的责任限制与传统运输相同，整箱货的赔偿按照目前国际上的一些判例：

1) 如果提单上没有列明箱内所装货物的件数，每箱作为一个理赔计算单位。

2) 如提单上列明箱内载货件数，则按件数计算。

3) 如果货物的损坏和灭失，不属海运，而是在内陆运输中发生的，则按陆上运输最高赔偿额办理。

4) 如集装箱是由托运人所有或提供，遇有灭失或损坏，其责任确属承运人，亦应视作一个理赔计算单位。

(3) 同一责任制

同一责任制(Uniform Liability System),是指联运经营人对货物损害责任的一种赔偿责任制度。按照这种制度,统一由签发联运提单的承运人对货主负全程运输责任,即货损、货差不论发生在哪一个运输环节,都按同一的责任内容负责。如果能查清发生损害的运输阶段,联运承运人在赔偿以后,可以向该段运输的实际承运人追偿。

(4) 网状责任制

网状责任制(Network Liability System),是指联运经营人对货物损害责任的一种赔偿责任制度。按照这种制度,签发联运提单的承运人,虽然对货方仍负全程运输的责任,但遇损害需赔偿时所负责任与同一责任制不同,是按发生损害的运输阶段的责任内容负责。例如,损害发生在海上运输阶段,按国际货运规则办理;如发生在铁路或公路运输阶段,则按有关国际法或国内法处理。

10. 集装箱交接方式

集装箱交接方式(Receiving and Delivery System),是指在集装箱运输中,整箱货和拼箱货在船货双方之间的交接方式。主要包括以下几种:

(1) 集装箱门到门交接方式

集装箱门到门交接方式(Door to Door,D/D),是指由托运人负责装载集装箱,在其货仓或厂库交承运人验收后,负责全程运输。到港后,承运人负责将集装箱送到收货人的货仓或工厂仓库,直到交箱为止。这种全程运输,也称为“门到门”运输。

(2) 集装箱门到场交接方式

集装箱门到场交接方式(Door to CY),是指由发货人货仓或工厂仓库至目的地或卸箱港的集装箱装卸区堆场的运输方式。

(3) 集装箱门到站交接方式

集装箱门到站交接方式(Door to CFS),是指由发货人货仓或工厂仓库至目的地或卸箱港的集装箱货运站的运输方式。

(4) 集装箱场到门交接方式

集装箱场到门交接方式(CY to Door),是指由起运地或装箱港的集装箱装卸区堆场至收货人的货仓或工厂仓库的运输方式。

(5) 集装箱场到场交接方式

集装箱场到场交接方式（CY to CY，CY/CY），是指由起运地或装箱港的集装箱装卸区堆场至目的地或卸箱港的集装箱装卸区堆场的运输方式。

(6) 集装箱场到站交接方式

集装箱场到站交接方式（CY to CFS），是指由起运地或装箱港的集装箱装卸区堆场至目的地或卸箱港的集装箱货运站的运输方式。

(7) 集装箱站到门交接方式

集装箱站到门交接方式（CFS to Door），是指由起运地或装箱港的集装箱货运站至收货人的货仓或工厂仓库的运输方式。

(8) 集装箱站到场交接方式

集装箱站到场交接方式（CFS to CY），是指由起运地或装箱港的集装箱货运站至目的地或卸箱港的集装箱装卸区堆场的运输方式。

(9) 集装箱站到站交接方式

集装箱站到站交接方式（CFS to CFS），是指由起运地或装箱港的集装箱货运站至目的地或卸箱港的集装箱货运站的运输方式。

11. 集装箱货物配载

集装箱货物的配载，根据收发货人与承运人的责任可以划分为：

(1) 集装箱整箱货

集装箱整箱货（Full Container Load，FCL），是拼箱货的相对用语。由发货人负责装箱、计数、积载并加铅封的货运。整箱货的拆箱，一般由收货人办理，但也可以委托承运人在货运站拆箱。承运人不负责箱内的货损、货差，除非货方举证确属承运人责任事故的损害，承运人才负责赔偿。承运人对整箱货，以箱为交接单位。只要集装箱外表与收箱时相似、铅封完整，承运人就完成了承运责任。整箱货货运提单上，应当具有“委托人装箱、计数并加铅封”的条款。

(2) 集装箱拼箱货

集装箱拼箱货（Less than Container Load，LCL），是指装不满一整集装箱的小票货物。这种货物，通常是由承运人分别揽货并在集装箱货运站或内陆站集中，而后将两票或两票以上的货物拼装在一个集装箱内，同样要在目的地的集装箱货运站或内陆站拆箱分别交货。对于这种货物，承运人要负担装箱与拆箱作业，装拆箱费用仍向货方收取。承运人对拼箱货的责任，基本上与传统杂货运输相同。

12. 集装箱船舶码放

（1）集装箱箱位数

集装箱箱位数（Number of Slots），是指全集装箱船所能承载的集装箱箱数。每一艘全集装箱专用船，均以20英尺换算单位来表示它的载箱量。

（2）集装箱排号

集装箱排号（Bay Number），是指集装箱在专用船上的横排积载位置。编号方法，是从船首至船尾依此标明：01，02，03……

（3）集装箱行号

集装箱行号（Row Number），又称列号，是指集装箱在专用船上的纵列积载位置。有两种标号方法：

1）自左舷端向右依此标明：01，02……

2）从中间向左右分标。左舷为单号，由中线向左编为：01，03，05……由中线向右舷编双号：02，04，06……

（4）集装箱层号

集装箱层号（Tier Number），是指集装箱在专用船上的立体积载位置。编号方法分为甲板和舱内两种。甲板上的编号自上而下依次编号，并在数字前加一个“D”字母。舱内的编号自上而下依次编号，并在数字前加一个“H”字母。

（5）集装箱箱位号

集装箱箱位号（Slot Number），表示集装箱在船上的积载位置。由六个数字组成，前两个数字是排号，中间两个数字是行号，后两个字符是层号。例如：箱位0402D1是表示这个集装箱积载在第四排右舷第二行甲板第一层。

（6）集装箱配载图

集装箱配载图（Pre-Stowage Plan），又称集装箱船装箱计划图。装卸区据以装箱。配载图由外轮代理公司根据订舱清单、装箱单及堆场积载计划编制，并在船舶抵港征得船方同意后，即行装船。如系中途靠港，船上已装有集装箱，就应将有关资料电告船上配载，等回电后据以编制。配载图是由集装箱船各排每列和分层的横断而构成。进行配载时，必须达到如下要求：

1）保证船舶纵断面的强度和船舶的稳定性；

2）保持理想的吃水差，使船舶取得最好的航行性能，即具有良好的操纵性和快速性；

3）最合理地利用船舶的载重量和舱容；

4）保证集装箱在舱内完整无损及在甲板上的安全；

5）要考虑便于装卸作业；

6）多港装卸时，必须注意，靠港装卸时，不要造成翻舱。

13. 集装箱箱位

集装箱箱位（Slots），是指在集装箱堆场上，按照集装箱相应的尺寸，区划成有规则的，用以指示堆放集装箱的格状位置。在箱位上编有明显的号码，以利装船。

集装箱业务常用缩略语

在集装箱运输业务中经常会出现很多专业用语，见下表：

集装箱业务常用缩略语表

中文含意	缩略语	英文全称
全水路	AW	All Water
燃油附加费	BAF	Bunker Adjustment Factor
提单	B/L	Bill of Lading
市值附加费	CAF	Currency Adjustment Factor
立方米	CBM	Cubic Meter
运费已收和货物已交付	C&D	Collected and Delivered

续表

中文含意	缩略语	英文全称
成本加运费价	C&F	Cost and Freight
成本、运费加保险价	CIF	Cost，Insurance and Freight
集装箱检验报告	CIR	Container Inspection Report
国际集装箱安全公约	CSC	International Convention for Safe Containers
集装箱货运站	CFS	Container Freight Station
装箱单	CLP	Container Load Plan
产地证明书	C/O	Certificate of Origin
立方尺	CUFT	Cubic Feet
集装箱堆场	CY	Container Yard
干货集装箱	DC	Dry Cargo Container
目的地交货费	DDC	Destination Delivery Charge
目的港	DES	Destination
危险品	DG	Dangerous Goods
付款交单	D/P	Documents Against Payment
场站收据	D/R	Dock Receipt
电子数据交换	EDI	Electronic Data Interchange
预计抵达时间	ETA	Estimated Time of Arrival
预计离港时间	ETD	Estimated Time of Departure
预计开航时间	ETS	Estimated Time of Sailing
均一费率	FAK	Freight All Kinds
整箱货	FCL	Full Container Load Cargo
20英尺集装箱	TEU	Twenty-foot Equivalent Units
40英尺集装箱	FEU	Forty-foot Equivalent Units
离岸价格	FOB	Free on Board

第四节　集装箱货物运输与管理

在货物采用集装箱方式运输的今天，出现了经济腹地围绕港口协调发展的新局面。港口日益成为其所辐射区域外向型经济的决策、组织与运行的基地。从区域性的产业布局、信息网络、人才供应到各类软硬件服务设施以及相关的政策法规体系，经济腹地都在向港口倾斜和靠拢。

目前，我国的经济正在进行梯次转移，从珠三角经济圈到长三角经济圈，从长三角经济圈到环渤海经济圈。在这些产业转移的过程中，如不能具有前瞻性，意识到这样的集装箱货物运输和港口、保税区、无水物流港、出口加工区的发展机遇，将会错失内陆经济发展良机，也将对区域经济发展构成不良影响。经济发展离不开集装箱运输，我国经济进行梯次转移，也离不开集装箱运输。集装箱运输的健康发展，更离不开科学有效地管理。

开展集装箱运输的基本条件

开展集装箱运输必须要有足够的适宜集装箱运输的货物，先进的物质技术设备和科学的管理体制等基本条件。

1. 适宜集装箱运输的货物

在集装箱运输业务中，通常将适宜集装箱运输的货物分为四大类。但是，随着集装箱运输的发展，集装箱的种类不断增加，装卸方法不断改进，适宜集装箱运输的货物种类不断扩大。

（1）最佳集装箱货物，包括自身价格较高、运费较高、容易被盗窃、容易被损坏的货物，以及包装的尺寸、容积、重量等均适合集装箱装箱的货物。

（2）适合集装箱货物，包括自身价格和运费都不太高，但适合集装箱装箱的货物。

（3）比较适合集装箱货物，包括理论上适合集装箱装箱，但货物自身价格低廉，运费便宜，在经济上采用集装箱运输不太合算的货物。

（4）不适合集装箱货物，包括在技术上和经济上不适合集装箱装箱的货物。

2. 开展集装箱运输的物质技术设备

开展集装箱运输所必需的物质技术设备包括，各类符合国际标准的集装箱，大功率、装备先进的集装箱运输船，多功能集装箱码头，多种集装箱装卸设备和适于集装箱多式联合运输的内陆运输业务系统。

（1）随着国际贸易的快速发展，商品结构的不断变化，各种类型的专用、多用集装箱会不断出现。但是无论集装箱的用途发生怎样的变化，其外形尺寸都不会脱离国际标准。

（2）最新一代兆级(mega)12500 标准箱位的集装箱运输船即将问世。与基本载运力为 4 000 只左右标准箱位的集装箱船相比，兆级集装箱船每载运一只标准箱就可以节约 20％的成本。有人曾计算过，如果集装箱船发展到基本运力在 1.8 万左右标准箱位，则集装箱的运输成本可以再节约 15％。因此，开展集装箱运输的关键是生产“超巨型”的集装箱运输船舶。

（3）目前全球能够接纳这么多兆级集装箱运输船的集装箱枢纽港口大约有 15 家。这些枢纽港目前遇到的最大问题是码头基础设施一时难以应付超巨型集装箱船给港口码头带来的巨大集装箱进出口流量。因此，大型集装箱枢纽港的建设迫在眉睫。

（4）集装箱运输的最大优点是能够实现“门到门”、“仓到仓”和展览品的“台到台”服务。但是，要实现以上运输服务，就必须建立起发达的适于集装箱运输的内陆运输系统。这个系统应当包括庞大的高等级公路网，大量优质的集装箱拖车，合理分布的货物转运站，以及适宜于操作的集装箱装卸设备和掏箱设备。

集装箱货物进口程序

1. 接收装船单证

集装箱在国外装货港装船后，该船在最后的装货港开航后次日，由最后的装货港以航空快递的方式，寄出场站收据副本及其他有关装船单证。以上资料到达船公司后，公司将资料内容录入计算机系统。

2. 编制货物仓单等有关单证

计算机录入有关数据后，自动编制出货物仓单（Cargo Manifest）、集装箱货物到达通知（Arrival Notice）、提货单（Delivery Order，D/O）和运费清单（Freight Bill）。一方面通过计算机中心与船公司的各分公司以及码头堆场之间进行联系，另一方面通过通信专线，将各种单证传递给各有关方面。

3. 发送货物到达通知和运费清单

船公司的各个分公司在该船舶抵达目的港前五天，把货物到达通知和运费清单发送给收货人。

4. 取回正本提单和支付运费

收货人从银行或者其他方面取回正本提单交给船公司，如果付费方式属于到付运费，则同时向船公司支付运费。

5. 发放提货单

船公司核对正本提单无误且收货人缴清全部费用后，即签发提货单，凭以提取货物。

6. 提取货物

收货人凭提货单及海关准许进口的有关单证提取货物。整箱货物在集装箱堆场领取，拼箱货物在集装箱货运站领取。

7. 船公司交货

收货人持提货单领取货物时，船公司应当立即交货。但是，由于交出集装箱货物时连同集装箱一起交出，因此，必须签署以集装箱堆场为贷方，以收货人为借方的设备交接单。

8. 签发交接记录

船公司交货时，对于整箱货要检查集装箱外观及铅封；拼箱货物要检查货物状况。全部检查后，船公司与收货人要将检查的实际结果记入交货记录（Delivery Record），双方签字后，各执一份。

集装箱货物出口程序

1. 订舱

发货人应该根据贸易合同或者信用证条款的规定，在货物托运之前的一定时间内填制订舱单，向船公司或其代理人、经营国际运输的其他人申请订舱。

2. 接受托运申请

船公司或其代理人或者经营国际运输的其他人，根据运输航线、船舶情况、特殊运输要求、装货港和目的港条件、货物运输时间要求等情况，决定是否接受发货人的托运申请。接受托运申请后，应立即编制订货舱单，然后将其分发到集装箱码头堆场、集装箱货运站，据此办理空箱和货物交接手续。

3. 发送空箱

整箱货运所需的空箱，由发货人到集装箱码头堆场领取。拼箱货运所需的空箱，一般由货运站领取。发货人到集装箱码头堆场领取空集装箱时，应当与集装箱码头堆场办理集装箱空箱交接手续，并填制设备交接清单。

4. 拼箱货装箱

发货人将零散货物交由集装箱货运站。货运站根据订舱清单的资料，核对货主填写的场站收据，整理货物并装入集装箱。

5. 整箱货交接

发货人自行负责装箱并加海关封志的整箱货物，由内陆运输至集装箱码头堆场，码头堆场根据订舱清单核对场站收据及装箱单，接受货物。

6. 集装箱交接签证

集装箱码头堆场在验收货箱后，在场站收据上签字，并将签署的场站收据交发货人，由发货人据以换取提单。

7. 换取提单

发货人凭经签署的场站收据，向船公司或其代理人换取提单，然后去银行结汇。如果信用证规定需要装船提单，则应在集装箱装船后，才能换取装船提单。

8. 装船

集装箱码头堆场或集装箱装卸区根据接受待装的货箱情况，制订装船计划，待船舶靠泊后，进行装船。

船公司的主要集装箱进口货运业务

1. 卸船准备

考虑到现代集装箱运输对于货箱装卸时间的苛刻要求，如果事先不制订出一个科学的卸船计划，就会出现集装箱滞留船舶时间过长，交货时间延迟的混乱现象。因此，对于负责集装箱进口货运业务的船公司而言，应当做到“兵马未动、粮草先行”，即在船舶从最后一个起运港开出后，便制订船舶预计到港的计划，并从装船港代理处得到有关单证。与此同时，同港方、收货人、海关及其他有关部门尽快建立联系机制。船舶靠港后尽快卸船，并做好交货准备。从装船港代理处得到的有关单证包括：

(1) 提单副本或场站收据副本

(2) 积载图

(3) 集装箱装箱单

(4) 集装箱号码单

(5) 装船货物残损报告

(6) 特殊货物表

2. 制作寄送有关单据

船公司或其代理人在收到装船港寄来的单证后，应当立即编制下列单证并寄送有关方。

(1) 集装箱货物到港通知

集装箱货物到港通知，是向提单副本所记载的收货人或通知人开立的单证。其内容大致与提单相同，其中最为重要的一项是集装箱运输船舶的抵港日期预报。

(2) 交货通知

交货通知，是货物交付日期的通知。交货通知是在运输船舶确定抵港的具体日期和时间，并决定集装箱的卸船计划和时间后，由船公司将货物具体交付时间通知收货人的单证。

(3) 动植物及其产品检验检疫清单

进口货物中如果有国家有关部门规定检验检疫的商品，包括活动物，动物尸体，动物分割骨、肉，未经过鞣制处理的生、鲜皮张，动物原毛、蹄甲，生、鲜植物及其种子、种苗，生、鲜水果，另外还包括以上货物的容器和包装物。需要检验检疫的货物清单汇总后，向口岸检验检疫机构申请并必须获得批准。

(4) 货物舱单

货物舱单，是指向海关申报批准卸货的单据。

3. 卸船、交货计划

集装箱的卸船与交货计划，主要由集装箱码头堆场负责办理。在收货人收到船公司预计船舶到港时间的通知后，如果向船公司提出希望能够在他方便的时间提取货物时，船公司应当立即转告集装箱码头堆场，使交货时间能够尽可能地满足收货人的要求。

4. 签发提货单

除正常情况外，船公司或其代理人只要收到正本提单，就应当对提单持有人签发提货单。对此我们也可以理解为提货单的签发必要的条件是正本提单。

船公司的主要集装箱出口货运业务

1. 配备集装箱

要进行集装箱运输，最主要的一项工作是为发货人配备适合所发货物的集装箱。特别是采用集装箱运输船运输时，更要选择既符合发货人要求，又符合集装箱运输船要求的国际标准集装箱。为此，经营集装箱专用船舶的公司，应当配备适合专用运输船所需要的国际标准集装箱。当然，并非所有的国际标准集装箱都由船公司配备，有的货主自己也配有企业自用的、符合国际标准的集装箱。另外，各国还有专门出租集装箱的出租公司。但是，要更加有效地利用船舶的运载能力，船公司就必须保证有最低数量的符合国际标准的集装箱，以及特殊种类、规格的集装箱。

船公司除为货物运输配备一定数量的集装箱外，还应当最大限度地提高集装箱的周转率。

2. 掌握待运的货源

船公司可以采用以下方式掌握待运货物的基本情况，并据以拟定空集装箱计划。

（1）暂定订舱

暂定订舱，通常在船舶到港前 30 天左右提出。此时，由于掌握待运货源的时间过早，所以，对于这些货物是否真实存在，是否能够装载在预订的船上，都难以确定。

（2）确定订舱

确定订舱，通常在船舶到港前 7～10 天左右提出。此时，一般都可以确定货源和具体的船名、装船日期等。

3. 接受托运

货物发货人根据贸易合同以及信用证条款的有关规定，在货物装运期限内向船公司或其代理人，以口头或书面形式提出订舱。船公司根据所托运货物的运输要求和配备集装箱的情况，决定是否接受发货人的托运申请，订舱单经过船公司或其代理人签署后，即表示船公司接受了该批货物的运输。船公司在接受货物托运时，应当首先了解以下情况：

（1）订舱的货物类型、运输的具体要求、特殊要求。

（2）货物装、卸港口的名称，货物交接的具体地点。

（3）有关货物的详细情况，如货物名称、数量、包装形式、特殊货物等。

（4）内陆运输情况、具体运输企业情况。

4. 接受货物

集装箱货物运输中，船公司在接受货物时，应当首先了解：

(1) 发货人是否需要借用空集装箱。

(2) 所需集装箱的规格、种类、数量。

(3) 领取空箱的时间、地点。

(4) 内陆运输企业情况。

(5) 货物具体的装箱地点。

(6) 其他特殊情况。

其中，船公司能够接受货物的地点有：

(1) 集装箱码头堆场

在集装箱码头堆场接受的货物，一般都是由发货人或集装箱货运站负责装箱，并运至集装箱码头堆场的整箱货。

(2) 集装箱货运站

集装箱货运站，作为船公司的代理接受拼箱货物的运输。

(3) 发货人的工厂或仓库

在由船公司负责安排内陆运输时，则可以在发货人的工厂或者仓库接受整箱货物。

5. 装船

通过各种方式接受的待运货物，按编制的堆场计划堆放后，在集装箱船靠泊后，即可开始装船。装船时的一切工作由码头堆场负责进行。

6. 制送主要的装船单证

为了能够及时向收货人发出通知，使目的港码头堆场编制卸船计划和有关内陆运输的安排，在集装箱货物装船离港后，船公司或其代理人应立即制作有关的装船单证，并且送至卸货港。

装船港代理制作的单据包括：

(1) 提单副本或码头收据副本

(2) 集装箱号码单

(3) 货物舱单

(4) 集装箱装箱单

(5) 货物(箱位)积载图

(6) 装船货物残损报告

(7) 特殊货物清单

海运提单

海运提单(Bill of Lading, B/L),是指证明海上运输活动成立,货物承运人已接管货物或已将货物装船并保证在目的地交付货物的单证。提单持有人可据以提取货物,也可凭此向银行押汇,还可在载货船舶到达目的港交货之前进行转让。

1. 海运提单的性质

海运提单的性质包括以下三个方面:

(1) 是承运人或其代理人应托运人的要求所签发的货物收据(Receipt of Goods)。

(2) 是货物承运人与货物托运人之间运输合同的证明,也是处理承、托双方权利和义务的主要依据。

(3) 是货物所有权的证明文件(Document of Title)。

2. 海运提单的种类

海运提单有很多种,可以按照货物是否装船,货物运输方式,提单抬头、有无批注及格式进行分类。

(1) 按货物是否装船分类,包括:

1) 已装船提单:凭大副装船后所签收货单签发的提单。

2) 备运提单:是托运人凭场站收据向承运人换领的。货物实际装船后,由船公司加注船名、日期,成为已装船的提单。

(2) 按货物运输方式分类,包括:

1) 直达提单:海运直接运输到达提单。

2) 转船提单:海运运输过程中需要转换其他运输船舶的提单。

3) 联运提单:铁路—海运、公路—海运联合运输提单。

(3) 按提单抬头（收货人）分类，包括：

1) 记名提单：指定货物收货人的提单。

2) 不记名提单：在收货人栏中写“交持票人：TO BEARER”，不用背书的提单。

3) 指示提单：在收货人栏中写“凭指示 TO ORDER ____”，是一种最为常用的提单。又分为：

□ 记名指示提单：注明 TO ORDER OF SHIPPER/CONSIGNEE/BANK（托运人/收货人/银行）。

□ 不记名指示提单：注明 TO ORDER。

□“空白抬头、空白背书”提单：是指示提单的一种。正面书写“TO ORDER”，背面签转让人名。

(4) 按提单有无批注分类，包括：

1) 清洁提单（CLEAR B/L）：没有任何货物附加记录的提单。

2) 不清洁提单（UNCLEAR B/L）：标明货物或包装有差损的提单。

(5) 按提单格式分类，包括：

1) 简式提单：没有背面条款的提单。

2) 全式提单：背面有合同条款的提单。

3) 海运提单：正面填写项目及注意事项的提单。

根据 1993 年 7 月 1 日公布实施的《中华人民共和国海商法》第 73 条的规定，提单正面应记载以下各项：

□ 货物的品名、标志、包数或者件数、重量或者体积以及运输危险货物时对危险性质的说明

□ 承运人的名称和主要营业所

□ 船舶名称

□ 托运人的名称

□ 收货人的名称

□ 装货港

□ 在装货港接受货物的日期

□ 卸货港

□ 多式联运提单增列接收货物的具体地点

□ 提单的签发日期、地点和份数

□ 运费的支付

□ 承运人

3. 海运提单正面填写应当注意的事项

(1) 托运人，一般为信用证中的受益人。如果开证人有贸易上的需要，要求做第三者提单（THIRD PARTY B/L），也可照办。

(2) 收货人，如要求记名提单，则可填上具体的收货公司或收货人名称；如属指示提单，则填为“指示”（ORDER）或“凭指示”（TO ORDER）；如需在提单上列明指示人，则可根据不同要求，作成“凭托运人指示”（TO THE ORDER OF SHIPPER），“凭收货人指示”（TO THE ORDER OF CONSIGNEE）或“凭银行指示”（TO THE ORDER OF××BANK）。

(3) 被通知人（NOTIFY PARTY），这是船公司在货物到达目的港时，发送到货通知的收件人，有时即为进口人。在信用证项下的提单，如信用证上对提单被通知人有权具体规定时，必须严格按信用证要求填写。如果是记名提单或收货人指示提单，且收货人又有详细地址的，则此栏可以不填。如果是空白指示提单或托运人指示提单，则此栏必须填列被通知人名称及详细地址，否则船方就无法与收货人联系，收货人也不能及时报关提货，甚至会因超过海关规定申报时间而被没收。

(4) 提单号码（B/L NO.），一般列在提单右上角，以便于工作联系和查核。发货人向收货人发送装船通知（SHIPMENT ADVICE）时，也要列明船名和提单号码。

(5) 船名（NAME OF VESSEL），应填列货物所装的船名及航次。

(6) 装货港（PORT OF LOADING），应填列实际装船港口的具体名称。

(7) 卸货港（PORT OF DISCHARGE），填列货物实际卸下的港口名称。

如属转船，第一程提单上的卸货港填转船港，收货人填二程船公司；

第二程提单装货港填上述转船港，卸货港填最后目的港。

如由第一程船公司出联运提单（THROUGH B/L），卸货港即可填最后目的港，提单上列明第一程和第二程船名。

如经某港转运，要显示“VIA××”字样。在运用集装箱运输方式时，目前使用“联合运输提单”（COMBINED TRANSPORT B/L），提单上除列明装货港、卸货港外，还要列明“收货地”（PLACE OF RECEIPT）、“交货地”（PLACE OF DELIVERY）、“第一程运输工具”（PRE-CARRIAGE BY）以及“海运船名和航次”（OCEAN VESSEL, VOY NO.）。

填写卸货港时，还要注意同名港口的问题，如属选择港提单，就要在这栏中注明。

(8) 货名（DISCRIPTION OF GOODS），在信用证项下货名必须与信用证上规定的一致。

(9) 件数和包装种类（NUMBER AND KIND OF PACKAGES），要按箱子实际包装情况填列。

(10) 唛头（SHIPPING MARKS），信用证有规定的，必须按规定填列，否则可按发票上的唛头填列。

(11) 毛重、尺码（GROSS WEIGHT，MEASUREMENT），除信用证另有规定者外，一般以公斤为单位列出货物的毛重，以立方米为单位列出货物体积。

(12) 运费和费用（FREIGHT AND CHARGES），一般为预付（FREIGHT PREPAID）或到付（FREIGHT COLLECT）。如系 CIF 或 CFR 出口，一般均填上“运费预付”字样，千万不可漏列，否则收货人会因运费问题提不到货，虽可查清情况，但拖延提货时间，也将造成损失。如系 FOB 出口，一般均填上“运费到付”字样，除非收货人委托发货人垫付运费。

(13) 提单的签发、日期和份数。

提单必须由承运人、船长或他们的代理签发，并应明确表明签发人身份。一般表示方法有：“CARRIER”，“CAPTAIN”或“AS AGENT

FOR THE CARRIER：×××”等。

提单份数一般按信用证要求出具，如“FULL SET OF”一般理解成三份正本，若干份副本。等其中一份正本完成提货任务后，其余各份失效。提单还是结汇的必要单据，特别是在跟单信用证结汇时，银行要求所提供的单证必须一致，因此提单上所签的日期必须与信用证或合同上所要求的最后装船期一致或先于装船期。如果卖方估计货物无法在信用证装期前装上船，应尽早通知买方，要求修改信用证，而不应利用“倒签提单”、“预借提单”等欺诈行为取得货款。

班轮货物运输程序

定期运行的货物运输船舶，称为班轮。班轮的航程较短，积载吨位较小，适宜近洋运输。班轮货物运输程序，包括：

揽货—订舱—装船—卸货—交付货物

1. 揽货

揽货，是指从事班轮运输经营的船公司，为使自己所经营的班轮运输船舶能在载重量和舱容上得到充分利用，以期获得最好的经济效益，而从货主手中获取货源的行为，也可以称为“市场开发”。为了揽取更多的货物，班轮公司首先要为自己所经营的班轮航线、船舶挂靠的港口及其到达、发出的时间等，制定出船期表，并利用各种宣传手段进行宣传，以使更多的客户了解公司经营的情况，争取货源。

2. 订舱

订舱，是指货物托运人或其代理人向货物承运人，即班轮公司或它的营业所、代理机构等，申请货物运输，承运人对这种申请给予承诺的行为。此时，货物承运人与货物托运人之间不需要签订正式货物运输合同，而是以口头或订舱函电进行预约，只要船公司对这种预约给予承诺，并在舱位登记簿上予以登记，即表明承、托双方已建立了有关货物运输的合同关系。

3. 装船

装船，是指货物托运人应将其所托运的货物，送至码头承运船舶的船边并进行交接，然后将货物装到船上。如果船舶是在锚地或浮筒作业，货物托运人还应负责使用自己的或租用的驳船将货物驳运至船边，办理交接后将货物装到船上，亦称直接装船。对于一些特殊的货物，如易燃易爆品、易失效货物、冷冻货物、鲜活货物、贵重货物，多采用船舶直接装船。而在班轮运输中，为了提高装船效率，减少船舶在港停泊时间，不致延误船期，通常都采用集中装船的方式。集中装船，是指由船公司在各装货港指定装船代理人，在各装货港的指定地点（通常为码头仓库）接受货物托运人送来的货物。办理交接手续后，将货物集中并按货物的卸货次序，进行适当的分类后再进行装船。

4. 卸货

卸货，是指将船舶所承运的货物在卸货港从船上卸下，交给收货人或代其收货的人，办理货物的交接手续。船公司在卸货港的代理人根据船舶发来的到港电报，一方面编制有关单证，联系安排泊位和准备办理船舶的进口手续，约定装卸公司，等待船舶进港后卸货；另一方面还要把船舶预定到港的时间通知收货人，以便收货人及时做好接受货物的准备工作。在班轮运输中，为了使分属于众多收货人的各种不同货物能在船舶有限的停泊时间内迅速卸完，通常都采用集中卸货的办法，即由船公司指定的装卸公司作为卸货代理人总揽卸货，并向收货人交付货物。

5. 交付货物

交付货物，是指在实际业务中船公司凭提单将货物交付给收货人的行为。具体过程是，收货人将提单交给船公司在卸货港的代理人，经代理人审核无误后，签发提货单交给收货人，然后收货人再凭提货单前往码头仓库提取货物并与卸货代理人办理交接手续。

交付货物的方式有仓库交付货物、船边交付货物、货主选择卸货港交付货物、变更卸货港交付货物、凭保证书交付货物等。

（1）货主选择卸货港交付货物，是指货物在装船时，货主尚未确定具体的卸货港，待船舶开航后，再由货主选定对自己最方便或最有利的卸货港，并在这个港口卸货和交付货物。

（2）变更卸货港交付货物，是指在提单上所记载的卸货港以外的其他港口卸货和交付货物。

（3）凭保证书交付货物，是指收货人无法以交出提单来换取提货单提取货物时，按照一般的航运惯例，常由收货人开具保证书，以保证书交换提货单，然后持提货单提取货物的行为。

相关链接 保函

保函，即保证书。为了收货人方便，船公司及银行都印有一定格式的保证书。其作用包括凭保函交付货物、凭保函签发清洁提单、凭保函倒签预借提单等。在凭保函交付货物的情况下，收货人保证在收到提单后，立即向船公司交回全套正本提单，承担应由收货人支付的运费及其他费用的责任，对因未提交提单而提取货物所产生的一切损失均承担责任。保函表明银行与收货人对保证内容一起负连带责任。

凭保函签发提单则使得托运人能以清洁提单、已装船提单顺利地结汇。保函是承运人与托运人之间的协议，不得对抗第三方，承运人与托运人之间的保函，只是在无欺骗第三方意图时才有效，如发现有意欺骗第三方，则承运人在赔偿第三方时不得享受责任限制，且保函也无效。

6. 对于溢、短误卸货物的处理

卸货时，船方和装卸公司应根据载货清单和其他有关单证认真卸货，避免发生差错。然而由于种种原因，难免会发生将本应在其他港口卸下的货物卸在本港，或本应在本港卸下的货物遗漏未卸的情况。通常将前者称为溢卸，后者称为短卸。溢卸和短卸统称为误卸。

关于因误卸而引起的货物延迟损失或货物的损坏转让问题，一般在提单条款中都有规定，通常规定因误卸发生的补送、退运的费用由船公司负担，但对因此而造成的延迟交付或货物的损坏，船公司不负赔偿责任。如果误卸是因标志不清、不全或错误，以及因货主的过失造成的，则所有补送、退运、卸货和保管的费用全部由货主负担，船公司不负任何责任。

租船程序

1. 租船市场

租船，是通过租船市场（Chartering market）完成的。在租船市场上，船舶所有人是船舶的供给方，而承租人则是船舶的需求方。

2. 租船经纪人

在国际租船市场上，租船交易通常都不是由船舶所有人和承租人亲自完成的，而是通过租船经纪人代为办理并签约的。租船经纪人都非常熟悉租船市场的行情，精通租船业务，并且有丰富的租船知识和经验，在整个租期交易过程中起着桥梁和中间人的作用。

3. 租船询价

询价，又称询盘。通常是指承租人根据自己对货物运输的需要，或对船舶的特殊要求，通过租船经纪人，在租船市场上要求租用船舶。询价主要以电报或电传等书面形式提出。

承租人所期望条件的内容一般应包括：需要承运的货物种类、数量、装货港、卸货港、装运期限、租船方式或期限、期望的运价（租金）水平以及所需用船舶的详细说明等内容。询价，也可以由船舶所有人为承揽货载而首先通过租船经纪人向租船市场发出。由船舶所有人发出的询价内容，应包括出租船舶的船名、国籍、船型、船舶的散装和包装容积、可供租用的时间、希望承揽的货物种类等。

4. 租船报价

报价，又称发盘，当船舶所有人从船舶经纪人那里得到承租人的询价后，经过成本估算或者比较其他的询价条件，通过租船经纪人向承租人提出自己所能提供的船舶情况、运费率或租金率。报价的主要内容，除对询价的内容做出答复和提出要求外，最主要的是关于租金（运价）的水平和选定的租船合同范本及对范本条款的修改、补充。报价分为“硬性报价”和“条件报价”。

（1）硬性报价

硬性报价，是指报价条件不可改变的报价。询价人必须在有效期内，对报价人的报价做出接受订租的答复，超过有效期，这一报价即告失效。

（2）条件报价

条件报价，与硬性报价相反，是可以改变报价条件的报价。

5. 租船还价

租船还价，又称还盘。在条件报价的情况下，承租人与船舶所有人对报价条件中不能接受的条件提出修改或增删，或提出自己的条件，称为还价。还价，意味着询价人对报价人的报价予以拒绝和新的报价开始。因此，船东对租船人的还价可能全部接受，也可能接受部分还价。对不同意部分，提出再还价或新报价。这种对还价条件做出答复或再次做出新的报价行为称为反还价（recounter offer）或称反还盘。

6. 租船报实盘

在一笔租船交易中，经过多次还价与反还价，如果双方对租船合同条款的意见一致，一方可以以报实盘的方式要求对方做出是否成交的决定。报实盘时，要列举租船合同中的必要条款，将双方已经同意的条款和尚未最后确定的条件，在实盘中加以确定。同时还要在实盘中规定有效期限，要求对方答复是否接受实盘，并在规定的有效期限内做出答复。若在有效期限内未做出答复，所报实盘即告失效。同样，在有效期内，报实盘的一方对报出的实盘是不能撤销或修改的，也不能同时向其他第三方报实盘。

7. 接受订租

接受订租（acceptance）又称受盘。指一方当事人对实盘所列条件在有效期内明确表示承诺。至此，租船合同即告成立。原则上，接受订租是租船程序的最后阶段。接受订租后，一项租船洽商即告结束。

8. 订租确认书

接受订租是租船程序的最后阶段，一项租船业务即告成交。但是，当事人之间还要签署一份“订租确认书（fixture note）”，其没有统一格式，但是确认书的内容，应详细列出船舶所有人和承租人在洽租过程中，双方承诺的主要条款。订租确认书经当事人双方签署后，各保存一份备查。

9. 租船合同

正式的租船合同，是合同已经成立后才开始编制的。双方签认的订租确认书，实质就是一份供双方共同履行的租船合同。签认订租确认书后，船东按照已达成协议的内容，编制出正式的租船合同，通过租船经纪人送交承租人审核。如果租船人对编制的合同没有什么异议，就可签字生效。

国际集装箱的发放和交接

1. 集装箱发放和交接的依据

集装箱的发放和交接，应依据进口提货单、出口订舱单、场站收据以及这些文件列明的集装箱交付条款，实行集装箱设备交接。从事集装箱业务的单位必须凭集装箱代理人签发的集装箱设备交接单办理集装箱的提箱（发箱）、交箱（还箱）、进场（港）、出场（港）等手续。

2. 集装箱交接责任的划分

（1）船方与港方交接，以船边为界。

（2）港方与货方（或其代理人）、内陆（公路）承运人交接，以港方检查桥为界。

（3）堆场、中转站与货方（或其代理人）、内陆（公路）承运人交接，以堆场、中转站道口为界。

（4）港方、堆场中转站与内陆（铁路、水路）承运人交接，以车皮、船边为界。

3. 进口重箱提箱出场的交接

进口重箱提离港区、堆场、中转站时，货方（或其代理人）、内陆（水路、公路、铁路）承运人应持海关放行的进口提货单到集装箱代理人指定的现场，办理集装箱发放手续。

集装箱代理人依据进口提货单、集装箱交付条款和集装箱运输经营人有关集装箱及其设备使用和租用的规定，向货方（或其代理人）、内陆承运人签发出场集装箱设备交接单和进场集装箱设备交接单。货方、内陆承运人凭出场集装箱设备交接单到指定地点提取重箱，并办理出场集装箱设备交接手续，凭进场集装箱设备交接单将拆空后的集装箱及时交到集装箱代理人指定的地点，并办理进场集装箱设备交接手续。

4. 出口重箱交箱（收箱）进场的交接

出口货箱进入港区，货方、内陆承运人凭集装箱出口装箱单或场站收据、进场集装箱设备交接单到指定的港区交付重箱，并办理进场集装箱设备交接。指定的港区依据出口集装箱预配清单、进场集装箱设备交接单、场站收据收取重箱，并办理进场集装箱设备交接手续。

5. 空箱的发放和交接

空箱提离港区、堆场、中转站时，提箱人（货方或其代理、内陆承运人）应向集装箱代理人提出书面申请。集装箱代理人依据出口订舱单、场站收据或出口集装箱预配清单向提箱人签发出场集装箱设备交接单或进场集装箱设备交接单。提箱人凭出场集装箱交接单到指定地点提取空箱，办理出场集装箱设备交接；凭进场集装箱设备交接单到指定地点交付集装箱，并办理进场集装箱设备交接手续。

6. 收、发箱地点应履行的手续

指定的收、发箱地点，凭集装箱代理人签发的集装箱设备交接单受理集装箱的收、发手续。凭出场集装箱设备交接单发放集装箱，并办理出场集装箱设备交接手续；凭进场集装箱设备交接单收取集装箱，并办理设备交接手续。

7. 出场集装箱设备交接的主要内容

（1）提箱（用箱人和运箱人）

（2）发往地点

（3）用途（出口载货，修理、进口重箱等）

（4）集装箱号、封号（铅封号、关封号）

（5）集装箱尺寸、类型

（6）集装箱所有人

（7）提离日期

（8）提箱运载工具牌号

（9）集装箱出场检查记录（完好或损坏）

8. 进场集装箱设备交接单的主要内容

（1）送箱人

（2）送箱日期

（3）集装箱号、封号

（4）集装箱尺寸、类型

（5）集装箱所有人

（6）集装箱发出的时间、地点（航次、时间），用于返还重箱、出口集装箱

（7）送箱运载工具牌号

（8）集装箱进场检查记录

应对集装箱交接地点进行详细认真的检查和记录，并将进出场集装箱的情况及时反馈给集装箱代理人，积极配合集装箱代理人的工作，使集装箱代理人能够及时、准确地掌握集装箱的利用情况，及时安排集装箱的调运、修理，追缴集装箱的延期使用费，追缴集装箱的损坏、灭失费用等工作。

9. 集装箱的箱体检查

集装箱运输是借助集装箱这个运输设备进行的，集装箱在运输中的各个环节，管箱人、用箱人、承运人相互之间要进行集装箱箱体的交接，在实际交接时必须严格按照有关规定进行检查，以便及时发现问题，划分集装箱污染和损坏的责任。集装箱的箱体检查包括以下内容：

（1）箱体外部检查

1）检查集装箱外表有无损伤、变形、凹陷、破口等异样。

2）检查箱角柱、上下端梁及侧梁，有无弯曲、变形、裂缝、锈蚀。

3）检查箱号、封志是否与设备交接单上的记录相符。

4）检查箱体外有无铭牌、标记脱落或模糊不清，是否贴有前次使用的未经处理的危险品标志。

（2）箱体内部检查

1）关闭箱门，检查箱内有无漏光。

2）检查箱内六面是否漏水，有无水迹、油迹、裂缝、锈蚀。

3）检查箱号、封志是否与设备交接单上的记录相符。

4）检查装过有毒有害货物的集装箱是否经过处理。

（3）箱门检查

1）检查箱门有无变形，箱门密封件是否完好，能否开启270°。

2）检查箱门各附件是否齐全，是否扭断、扭曲、变形。

（4）集装箱的其他装置检查

1）检查集装箱的机械、电器装置运转是否正常。

2）检查冷藏集装箱冷却温度是否达到进出口文件记载的要求。

3）检查开顶集装箱的篷布等是否齐全。

海运集装箱货物运输费用的构成及运费计算方式

1. 费用构成

海运集装箱货物运输的费用分为下列四种情况：

（1）“整箱接—整箱交”货物的费用

“整箱接—整箱交”货物的组合费用＝装港拖箱费＋码头操作费＋集装箱海运运费＋卸港码头操作费＋拖箱费

（2）“整箱接—拼箱交”货物的费用

“整箱接—拼箱交”货物的费用＝船公司提供的拖箱费用＋码头操作费＋集装箱海运运费＋拆箱费

（3）“拼箱接—拼箱交”货物的费用

“拼箱接—拼箱交”货物的费用＝装箱费＋海运运费＋拆箱费

（4）“拼箱接—整箱交”货物的费用

“拼箱接—整箱交”货物的费用＝装箱费＋集装箱海运运费＋码头操作费＋船公司提供的拖箱费

2. 海运集装箱货物运输费用的计算方式

（1）包箱费率，以每个集装箱为计费单位收取费用。交通部制定的《中国远洋货运运价本》中显示，有以下三种包箱费率：

1）FAK 包箱费率，即对每一集装箱不分货物类型统一收取的费率。

2）FCS 包箱费率，即按不同货物等级制定的包箱费率。货物等级分为 1～20 级，但级差较小。一般低价货费率高于传统运输费率，高价货费率则低于传统运输费率；同一等级货物，实重货运价高于体积货运价。

3）FCB 包箱费率，既按不同货物等级或货类，又按计算标准制定的费率。同一级费率因计算标准不同，费率也不同。

（2）最低运费方式

1）规定最低运费等级，是指对不同等级的货物，按照最低的收费标准收取运费。如中远集团规定，以 7 级货物为最低收费等级，低于 7 级的货物一律按 7 级货物收费。

2）规定最低运费吨。如远东航运公司规定，20 英尺箱最低运费吨实重货为 17.5 吨，尺码货为 21.5 立方米。

（3）最高运费方式

1）规定最高计费吨，是指如在货物体积超过集装箱通常载货容积时，仍按标准体积收费。若按等级包箱费率计费，箱内等级不同时，可免较低货物等级的运费。

2）规定最高计费等级，是指不高于该货物等级的货物，均以规定的最高计费等级收费。

（详细可参考附录 4“集装箱进出口费用一览表”）

第二章

我国海关对进出境集装箱所装货物的监管

我国海关对进出境集装箱所装货物的监管有非常明确的规定，各相关单位和操作人员必须严格遵守进出口货物的申报流程和放行条件，积极配合海关对进出口货物的查验工作，以确保货物顺利通关。

第一节 集装箱货物的进出口申报

海关监管的重点提示：进出口货物应当如实向海关申报，应遵守海关对进口货物申报时间及滞报金收取的规定和海关对报关的地点及报关人资格的规定。

进出口货物申报时间的分类

1. 一般运输方式下进口货物的申报时间

运输工具申报自进境之日起 14 日内向海关申报，最后一天遇有法定公众休息日的，顺延至第一个工作日（海关实际监管时，运输工具自申报进境之次日起开始计算申报时间）。

2. 特殊运输方式下进口货物的申报时间

（1）进口转关运输货物被运抵指运地监管区之日起 14 日内，最后一天遇有法定公众休息日的，顺延至第一个工作日。

（2）邮运进口以邮局送达（以签收日为准）领取通知书之日起 14 日内，最后一天遇有法定公众休息日的，顺延至第一个工作日。

（3）其他运输工具运输方式下的申报时间（如快件运输货物、自带货）均为运输工具申报进境之日起 14 日内，最后一天遇有法定公众休息日的，顺延至第一个工作日。

（4）非区域监管方式下跨关区深加工结转货物申报时间为：转入企业收货后，90 日内办结报关手续。

（5）区域监管方式下跨关区深加工结转货物申报时间为：转入企业收货后，30 日内办结报关手续。

相关链接 1 关境

关境不同于国境，国境是指国家的领土范围。关境是指适用同一部海关法的领域，这个领域是一个立体概念，包括领域内的领水、领陆、领空。目前我国关境是除单独关境以外的中华人民共和国的全部领域。关境又可以分为实际关境、虚拟关境和单独关境。

相关链接 2　实际关境

实际关境，是指平常所说的分割关境内外的隔离线。

相关链接 3　海关区域监管

海关区域监管，有的人也将其称为"海关物理围网监管"，是指经国务院批准，在国境以内虚拟关境外，或者在国境以内实际关境线上建立一个封闭的区域，境内保税加工和仓储企业在该区域内，完成加工和仓储业务，海关对其进行封闭式监管。海关区域监管方式，也适用于海关对经海关总署批准，设立在国境内、实际关境内的保税物流中心（B）型的监管。

实　例

要想在国内对来自美国的空运货物进行处置，必然要先越过我国的国境线，再合法进入关境，否则即为非法入境。

相关链接 4　虚拟关境

虚拟关境，是指保税区、出口加工区、保税物流园区、保税物流港、珠澳跨境工业区中的珠海园区，以及位于新疆地区的中国与哈萨克斯坦霍尔果斯国际合作中心的中方配套区域等海关特殊监管区域与国境内（注意：不是关境内）其他区域的隔离线。具体表现为国境（不包括目前划分的6个单一关境区域）内，进入上述海关特殊监管区域的货物，视为进口，反之视为出口。

实　例

大连出口加工区内某加工企业生产5 000套女童装，经海关批准卖给天津某进出口贸易公司，该公司立即向天津出口加工区海关办理进口报关手续，同时，该区内加工企业，也将向该出口加工区海关办理女童装出口报关手续。

相关链接5 单独关境

单独关境，是指各自实行单独海关制度的区域。目前，我国法律已明确的单独关境有香港、澳门、金门、马祖、澎湖及台湾。在上述单独关境内，均独立实行自己的海关制度。

3. 一般运输方式下出口货物的申报时间

货物运抵海关监管区后，装货前24小时向海关申报。

4. 特殊运输方式下出口货物的申报时间

(1) 快件运输方式货物、物品的申报时间为运输工具离境前3小时。

(2) 非区域监管方式下跨关区深加工结转货物的申报时间为：转出企业发货后的90日内办结报关手续。

(3) 区域监管方式跨关区深加工结转货物的申报时间为：转出企业发货后的30日内办结报关手续。

相关链接 跨关区深加工结转

跨关区深加工结转，是指一个直属关区内的企业，将保税加工后的产品，经海关批准，转给另一个直属关区内的企业继续加工后，复出口的保税加工方式。根据海关规定，转给另一个直属关区内的企业，也包括转给出口加工区、保税区等内的企业（将出口加工区、保税区视为另一个直属关区，一个最小行政区）。

跨关区深加工必须具备以下条件：货物的物权人是同一个人；货物的物权人在关境内不得发生转移；未经加工的货物不得结转；加工后的产品应当全部复运出境。如日本某企业在中国将其从澳大利亚进口的羊毛深加工成西服面料后，复运回日本。

实　例

北京某加工贸易企业首先对从日本进口的羊毛进行羊毛洗净和羊毛条加工，然后将羊毛条结转给天津某加工贸易企业，由其进行混纺、染色、整理后，制成毛纱，再将毛纱结转给天津出口加工区内某加工企业，其加工、整理成西服面料后，复运回日本。这一加工过程，对于北京某加工贸易企业而言是实际进境，虚拟出境；对于天津某加工贸易企业而言是虚拟进境，虚拟出境；对于天津出口加工区内某加工企业而言是虚拟进境，实际出境。这些构成了一个完整的跨关区深加工结转链。

进出口货物申报地点分类

1. 进口申报地点

进口申报地点，是指货物进境地海关、货物指定运输到达地海关。

2. 出口申报地点

出口申报地点，是指货物在境内启运地海关、货物出境地海关。

3. 后续管理补税申报地点

后续管理补税申报地点，是指负责办理补税的海关。

4. 特殊货物申报地点

(1) 进出口钻石及其制品的申报地点：除加工贸易外（加工贸易备案地原则），均在上海钻石交易所海关。

(2) 进口可利用的固体废物（废纸除外）的申报地点：入境地海关。

(3) 文物出境的申报地点：北京、天津、上海、广州海关。

(4) 银行办理外币现钞进出口的申报地点：北京、上海、福州、广州、深圳海关。

(5) 汽车整车进口的申报地点：天津、大连、满洲里、上海、皇岗、黄埔、阿拉山口海关。

(6) 锑、氧化锑等出口的申报地点：黄埔、北海、天津海关。

(7) 轻（重）烧镁的出口申报地点：大连、营口、丹东、青岛、天津、长春、满洲里、鲅鱼圈海关。

(8) 甘草出口的申报地点：天津、上海、大连海关。

(9) 甘草制品出口的申报地点：天津、上海海关。

(10) 蚕丝类商品出口的申报地点：上海、广州、深圳、成都、重庆、青岛、天津、大连、昆明、梧州、杭州海关。

(11) 药品进口的申报地点：北京、天津、上海、大连、青岛、成都、武汉、重庆、厦门、南京、杭州、宁波、福州、广州、深圳、珠海、海口、西安、南宁海关（包括《进口药品目录》、《精神药品管制品种目录》、《麻醉药品管制品种目录》所包含药品）。

(12)《生物制品目录》所包含生物及首次药品进境的申报地点：北京、上海、广州海关。

进出口货物的报关人

1. 进出口货物的收发货人。

2. 报关企业，包括国际货物运输代理企业，专业报关企业，过境、转运、通运的货物经营人，快件经营人。

相关链接1 进出口货物的收发货人

进出口货物的收发货人，是指经商务部备案批准从事对外贸易经营活动的中国境内法人或其他组织。因此，“进出口货物的收发货人”不同于“进出口货物的收发货单位”，后者是指进口货物在境内的最终消费、使用单位，出口货物的生产、销售单位。

相关链接2 报关企业

报关企业，是指具有向海关报关权和其他经营权而没有进出口贸易经营权的境内企业法人。

相关链接3 对对外贸易经营人备案登记的管理制度

对对外贸易经营人备案登记的管理制度，即企业法人、其他组织或者个人在拟从事对外贸易经营活动前，必须按照国家有关规定，依法定程序在商务部、商务厅或者商务局备案登记，取得对外贸易经营资格后，可以在国家允许的范围内，从事对外贸易经营活动。

进出口货物的报关规则

1. 如实申报，即进出口货物的报关单必须与有关单据相符合，与许可证件相符合，与货物相符合。不得伪报、瞒报和未如实申报。

2. 交验进出口许可证件（包括海关监管证件）和有关单证（包括加工贸易手册、征免税证明、检验检疫证明、原产地证明等）。

3. 海关接受申报后，一般不得修改或者撤销，海关确认后方可修改或撤销。

4. 申报前可以查看货物或者提取货样，提取货样的主体资格人是收货人。

5. 超过规定期限向海关申报，由海关征收滞报金。

(1) 海关征收滞报金的行为属于海关的行政强制行为。

(2) 自运输工具申报进境的次日起 14 日内向海关申报，逾期申报的，由海关征收滞报金。

(3) 滞报金征收日期为自申报时间届满次日起至申报之日止（期间的公众休息日不予扣除），不足人民币 50 元的一票货物免征滞报金。

(4) 滞报金额＝完税价格×0.5‰×滞报天数。

6. 进口货物自运输工具申报进境之日起超过 3 个月未向海关申报的，其进口货物由海关提取，依法变卖处理（海关对超期未报关货物给予行政强制处理）。所得货款按企业、国家、原进口货物物权人的次序分配，分配后尚有余款的，自变卖之日起 1 年内可以退还给物权人，属于许可证件管理的商品，不能提供许可证件的不予退还。

7. 误卸或者溢卸的货物，自该运输工具卸货之日起 3 个月内，办理退运或者进口手续（经海关批准的可以延期 3 个月）。

进出口货物的口岸报关程序

进出口货物的报关形式有纸制报单报关、电子数据报关单报关、H2000 报关、中国电子口岸系统报关等，其中口岸报关的程序为：

1. 预录入

报关人预录入可采用以下三种方式：

(1) 前往报关大厅委托预录入企业使用连接海关计算机系统的终端录入。

(2) 在本企业办公地点使用EDI方式自行录入。

(3) 委托预录入企业使用EDI方式录入。

2. 电子申报

报关人向海关审单中心发送报关单电子数据。海关进行电子审单，并将审单结果和提示信息通过设置在报关或预录入大厅的显示屏幕和自助终端及EDI通关系统等手段通知报关人。

3. 现场交单

报关人收到海关发布的“现场交单”信息后，至预录入处打印纸制报关单，备齐提（运）单、发票、合同、装箱清单、许可证件等随附单证并签章后，到海关接单现场交单。现场关员审核单证和电子数据，打印、签发各类税费缴款书后，收发货人缴纳各项税费并凭税费缴纳凭证到接单现场核注税费。

4. 查验货物

海关确定是否对货物实施查验以及查验方式采取机器查验还是人工查验，并通知收发货人。收发货人按照海关通知配合海关实施查验。查验货物结果正常且已缴纳税费的，办理放行手续。

5. 放行货物

放行环节关员在提运单上加盖海关放行章后退还报关人，并将放行电子数据传至海关监管场所及卡口，报关人即可提取或发运货物。

第二节　集装箱进出口货物的税费征收

海关监管的重点提示：税费的计算、征收方式，进出口货物完税价格的确定，税款缴款期限，税款的追征、缓征、退还，防止漏税，骗取出口退税，保证国家税收的完整性、及时性。

税费征收时间

1. 自海关填发税款缴款书的次日（实际做法）起 15 日内缴纳税款，包括进出口关税、进口增值税、进口消费税、船舶吨税、反倾销税、反补贴税、贸易保障税、报复性关税、滞纳金。

2. 税费征收的基本规定

（1）不足人民币 50 元的一票货物免征。

（2）8 种税及滞纳金的缴款凭证均为海关专用缴款书形式。

纳税地点及方式

1. 纳税地点：纳税义务人应当在企业开户银行交纳海关税费。

2. 进出口货物收发货人可以采用银行交付或电子交付方式，交纳海关税费。

进出口货物、物品的纳税义务人

1. 进出口货物收发货人。

2. 进出境物品的所有人。

征税规则

1. 进出口货物完税价格的确认方法

进出口货物的完税价格，由海关以成交价格为基础审查确定。对于没有成交价格的货物，由海关依法估定确认（5 种审价、估价方法依次使用）。

相关链接

□ 相同货物成交价格估价方法，是指海关以与进口货物同时或者大约同时向中华人民共和国境内销售的相同货物的成交价格为基础，审查确定进口货物的完税价格的估价方法。

□ 类似货物成交价格估价方法，是指海关以与进口货物同时或者大约同时向中华人民共和国境内销售的类似货物的成交价格为基础，审查确定进口货物的完税价格的估价方法。

□ 倒扣价格估价方法，是指海关以进口货物、相同或者类似进口货物在境内的销售价格为基础，扣除境内发生的有关费用后，审查确定进口货物完税价格的估价方法。

□ 计算价格估价方法，是指海关以下列各项的总和为基础，审查确定进口货物完税价格的估价方法。包括：生产该货物所使用的料件成本和加工费用，向境内销售同等级或者同种类货物通常的利润和一般费用（包括直接费用和间接费用），该货物运抵境内输入地点起卸前的运输及相关费用、保险费。

□ 合理方法，是指当海关不能根据成交价格估价方法、相同货物成交价格估价方法、类似货物成交价格估价方法、倒扣价格估价方法和计算价格估价方法确定完税价格时，海关根据本办法客观、公平、统一的原则，以客观量化的数据资料为基础审查确定进口货物完税价格的估价方法。

2. 完税价格的审定

（1）适用于有成交价格的进口货物。

（2）海关可以履行价格质疑程序（审查价格的真实性和买卖双方的特殊经济关系）。

（3）使用成交价格法时，必须注意调整因素，即“应付实付”的原则。

（4）各调整因素必须在发票或者有关单据上单独列明。

3. 完税价格的估定

（1）适用于没有成交价格的进口货物。

（2）海关可以履行价格磋商程序（关税额人民币 2 万元以下的货物，不易保管及废旧货物可以不履行）。

（3）在进口货物纳税义务人提出要求并提供有关资料时，经海关同意，估价方法可颠倒使用，即优先使用计算价格法，后用倒扣价格法。

4. 进出口货物纳税类别表

进口关税		出口关税	进口环节税	
正常关税	附加关税	出口关税	消费税	增值税
正常关税	反倾销税			
	反补贴税			
	贸易保障税			
	报复性关税			

5. 进出口货物减免缴纳关税的划分

进出口货物减免缴纳关税可以分为三大类，即法定减免、特定减免、临时减免。

(1) 关税的法定减免货物：

法定减免货物，是指有关法律、法规规定予以减免关税的货物。

1）减免关税时，不一定同时减免增值税和消费税。

2）事先不需要办理减免税申请手续。

3）海关放行后一般不再进行后续管理。

4）要接受海关稽查。

(2) 关税的特定减免货物

关税的特定减免货物，是指在特定地区（保税区等）、特定企业（外商投资企业）、有特定用途（国家重点项目、残疾人专用品等）的进口货物。海关根据国家有关政策，予以减免关税的货物。

关税的特定减免货物的特征：

1）减免关税时，不一定同时减免增值税和消费税。

2）事先需要办理减免税手续。

3）海关放行后进行后续管理。

4）核销结关，不是自动结关。

5）期间及结关后 3 年要接受海关稽查。

(3) 关税的临时减免货物

关税的临时减免货物，是指国务院针对某单位、商品、时期，给予特别的临时性减免税优惠的进出口货物。

6. 暂时进出口货物纳税规定

暂时进出口货物，缴纳相当于税款的保证金或者提供担保后，准予暂时免纳关税。

相关链接 海关事务担保

海关事务担保，是指与进出境活动有关的自然人、法人或者其他组织，在向海关申请从事特定的经营业务或者办理特定的海关事务时，以向海关提交现金、海关依法认可的财产、银行或非银行金融机构保函的方式，保证其行为的合法性，保证在一定期限内履行其承诺的法律行为。

实 例

某单位进口化工原料一批，由于海关需要进一步通过化验手段才能够确定其是2 915.7010的硬脂酸，税率7%，还是2 915.7090的棕榈酸，税率5.5%。海关可以要求收货人按照7%的税率缴纳保证金后，暂时放行该货物，待海关组织化验后，按其结果作为归类依据，或将保证金转税，或退还部分保证金。

7. 进出口税费缴纳规定

(1) 自海关填发税款缴款书之次日起15日内缴纳税款，最后一天是法定公众休息日的，顺延至第一个工作日。逾期缴纳的，由海关征收滞纳金。

(2) 滞纳金按届满次日起至缴纳税款之日止计征，纳税期间的法定公众休息日，不予扣除。

(3) 滞纳金额＝应缴税款×0.5‰×滞纳天数，计算时应当将关税与代征税、船舶吨税分别计算。

(4) 不足人民币50元的一票货物的滞纳金免征。

8. 纳税强制

自海关填发税款缴款书之日起超过3个月未缴纳税款的，经直属海关关长或其授权的隶属海关关长批准（执法前置），海关可以采取强制措施，如拍卖货物、其他财产。

9. 纳税保全

在纳税期15天内，纳税义务人有明显转移、藏匿应税货物和其他财产的，海关可以责令纳税义务人提供担保，纳税义务人不能提供纳税担保时，经直属海关关长或其授权的隶属海关关长批准（执法前置），海关可以对其采取税收保全措施。

8. 税款补征

进出口货物放行后，在纳税义务人无过错的情况下，海关发现少征或者漏征税款，海关可以在放行之日起1年内予以补征。

9. 税款追征

因纳税义务人违反规定而造成少征或者漏征税款，海关自放行之日起3年内可以追征，并从缴纳税款或者货物放行之日起，按日征收漏税滞纳金。若自税款缴款书填发之日起，纳税义务人在15日内仍未缴纳税款，海关将再次征收漏税的滞纳金。

10. 税款退还

（1）海关多征税款，发现后应当立即（“立即”依法律解释为24小时）退还。

（2）纳税义务人自缴纳税款之日起1年内，可以要求海关退还。同时，按海关填发收入退还书之日中国人民银行规定的活期储蓄存款利息，加算利息。海关自接到申请之日起，30日内查实，纳税人自接到退款通知之日起3个月内办理退税手续。

相关链接1　加工贸易缓税利息的规定

1. 正常内销缓税利息（因经营人的责任，经海关批准，将加工贸易保税货物留在境内）：按中国人民银行公布的6～12月的短期贷款年利率计算。

2. 政策调整内销缓税利息（因国家对外贸易政策或者有关规定调整，经营人将加工贸易保税货物留在境内）：按上一年度中国人民银行公布的活期存款利率计算。

相关链接 2 加工贸易保税货物所包括的范围

加工贸易保税货物所包括的范围，我们应当按进、来料加工贸易方式和出料加工贸易方式进行区分。进、来料加工贸易保税货物包括：为加工成品所需的进口原材料、零部件、元器件，以及加工服装所需的辅料、包装物料等，还包括用上述料件加工后的制成品、半成品、副产品、剩余料件、边角料；出料加工保税货物包括需要出境加工的半成品及加工后的成品。

11. 纳税争议

与海关发生纳税争议时，应当按海关要求先缴纳税款。

12. 纳税复议

与海关发生纳税争议时，在按海关要求先缴纳税款后，可以依法向海关的行政复议部门申请行政复议。这样的行为属于海关的“行政前置”行为，即先纳税后复议。

13. 纳税诉讼

对于海关总署作出的行政复议决定仍然不服的，可以依法向人民法院提起诉讼。这样的行为也属于海关的“行政前置”行为，即先复议后诉讼。

相关链接 行政前置与执法前置

海关监管工作是海关的行政工作，是国家赋予海关权力的一个组成部分。但是，海关的具体行政行为必须是有序的，也就是法定的顺序不可颠倒。同时，表明被监管对象也必须依法按序履行其法定义务。因此，行政前置不同于执法前置，前者表现为行政行为的法定顺序，后者表现为海关某项权力在实施前必须获得相应的批准。

进口货物运、保费的实际计算方式

1. 发票上单独列明运、保费的实际计算方式

（1）海运：计算至卸货口岸（依合同条款）。

（2）陆运：计算至境内第一卸货口岸或卸货地口岸（依合同条款）。

（3）空运：计算至境内第一卸货口岸或卸货地口岸（依合同条款）。

（4）邮运：以邮费为运、保、杂费。

2. 以FOB方式成交的计算方式

（1）海运：运费率为离岸价格的5.7%，保费率（货价＋运费）为离岸价格的0.3%。

（2）陆运：运费率为离岸价格的0.7%，保费率为离岸价格的0.3%。

（3）空运：运费率为离岸价格的14.7%，保费率为离岸价格的0.3%。

进口税费计征方式及适用范围

1. 从价税

（1）从价税税额＝完税价格×从价税税率

（2）适用关税、增值税、消费税的计算

2. 从量税

（1）从量税税额＝货物计量单位总数×从量税税率

（2）适用关税、消费税的计算

3. 复合税

（1）复合税额＝从价税税额＋从量税税额

（2）适用关税、消费税的计算

4. 滑准税

（1）对于国家鼓励进口的同一税目的商品，为了使该进口商品在国内市场上的价格相对稳定，海关将依据滑准税公式计算征收进口关税。即按其进口商品由高到低的完税价格，采取由低到高的从价税计税的方式计算征收关税。当该商品的国际市场价格升高时，可以通过滑准税公式

在正常从价税率的基础上自动降低进口关税税率，反之，该进口商品的国际市场价格降低时，其进口关税税率升高。

例如：2008 年我国对配额外进口的一定数量棉花，实行 5%～40% 的滑准税率，其进口关税具体计征方式如下：

A. 当进口棉花完税价格高于或等于 11.397 元/公斤时，按 0.570 元/公斤计征从量税

B. 当进口棉花完税价格低于 11.397 元/公斤时，暂定关税税率按下式计算：

$$R_i = P_t / P_i + \alpha \times P_i - 1$$

R_i —暂定关税税率，当 R_i 按上式计算值高于 40%时，取值 40%

P_t —常数，为 8.686

P_i —关税完税价格，单位为元/公斤

α —常数，2.526%

对上式计算结果四舍五入保留 3 位小数

公式变化：P_t 值由 8.8 修改为 8.686，其他参数不变

（2）适用关税、消费税的计算

5. 反倾销税

反倾销税税额＝完税价格×反倾销税税率

6. 特别关税

特别关税税额＝完税价格×特别关税税率

7. 反倾销现金保证金

反倾销现金保证金金额＝（完税价格×现金保证金征收比率）×（1＋增值税率）

8. 一般消费税的从价计征

消费税税额＝（完税价格＋关税税额）/（1－消费税税率）×消费税税率

9. 加征反倾销税、特别关税的消费税从价计征

消费税税额＝（完税价格＋关税税额＋反倾销税税额＋特别关税税额）/（1－消费税税率）×消费税税率

10. 一般增值税

增值税税额＝（完税价格＋关税税额＋消费税税额）×增值税税率

11. 加征反倾销税、特别关税的增值税

增值税税额＝（完税价格＋关税税额＋反倾销税税额＋特别关税税额＋消费税税额）×增值税税率

12. 船舶吨税

（1）船舶吨税＝净吨位×（选择90、30天及优、普税率）元/吨

（2）净吨位＝船舶有效容积×吨/立方米

13. 特定减免税的货物折旧补税

（1）补税额＝原完税价格×［1－实际已使用时间（月）/监管年限(月)］×关税税率

（2）大于或等于15天按一个月计征

14. 第二类暂准进出境货物的关税计征

（1）关税税额＝关税总额×1/60×实际使用月

（2）进口环节税＝进口环节税总额×1/60×实际使用月

（3）大于或等于15天按一个月计征

出口税费计征

1. 从价税税额

从价税税额＝FOB/（1＋出口从价税税率）×出口从价税税率

2. 从量税税额

从量税税额＝货物计量单位总数×从量税税率

关税的退还

1. 关税的退还范围

（1）海关认定的征税事实为适用法律错误或者不适当。

（2）海关在征税中产生技术错误。

（3）短装货物不再补偿进口。

(4) 进口货物在已征税后放行前，出现质量等问题而不再补偿进口。

(5) 进口货物在海关放行后，出现质量等问题而不再补偿进口。

(6) 申请退关的应税出口货物。

(7) 事先已经申请，放行后补交减免税证明的货物。

相关链接 无代价抵偿货物

无代价抵偿货物，是指海关放行后，因所进出口的货物出现残损、短少、质量不符等情事，根据造成以上情事的不同原因，由原进出口货物的发货人、承运人、保险公司免费补偿或者更换的与原货物相同的货物或者根据合同规定补偿的货物。无代价抵偿的形式分为：短少补偿、退运更换、合同补偿（折价、替代货）。

案 例

北京某重点工程建设单位从进口德国产大型变压器一台，在装船时，船公司已经发现包装箱下部有渗油现象，所以签发了“不清洁提单”。货物到达北京后，在海关与其他有关单位共同在场的情况下，包装箱被打开，箱内约有一吨变压器油从变压器内流出。经过仔细勘察，变压器并没有坏，而是在变压器出厂包装时，为了固定包装箱的加固带，在使用射钉枪时，钉子击穿了变压器的油枕，致使变压器油枕内的变压器冷却油漏出，造成变压器报废。后德国厂商免费补偿其进口变压器一台。

2. 关税的退还方式

(1) 因海关原因造成溢征的税款，纳税人纳税后1年内，由海关主动退还，并加算中国人民银行同期活期存款利息。

(2) 上述第2项情事，纳税人纳税后1年内，可向原征税海关书面申请退还，并加算中国人民银行同期活期存款利息。

(3) 上述第3、4、5、6项情事，纳税人纳税后1年内，可向原征税海关书面申请退还。

(4) 上述第7项情事，纳税人纳税后半年内，可向原征税海关书面申请退还。

税费计算时应注意的问题

1. 以外币成交的进出口货物，海关将折合成人民币计算完税价格和计征税款。

2. 折合人民币时，应以当月适用的计征汇率计算。每月的计征汇率为上一个月的第三个星期三（第三个星期三为法定节假日的，顺延采用第四个星期三）中国人民银行公布的基准汇率（人民币元后采用四舍五入法保留 4 位小数）。

3. 完税价格（关税、保证金、滞报金）折合成人民币计算时，采用四舍五入法保留到元。

4. 计征税款时，税款采用四舍五入法保留到分。

5. 增值税、消费税组成计税价格时，采用四舍五入法保留到分。

出口退税

出口退税，是指根据国际惯例，国家税务部门对出口商品在国内生产、流通环节缴纳的增值税、消费税，部分或全部退还给出口商的一种措施。1985 年 3 月，国务院正式颁发了《关于批转财政部〈关于对进出口产品征、退产品税或增值税的规定〉的通知》，规定从 1985 年 4 月 1 日起实行对出口产品的退税政策。1994 年 1 月 1 日起，随着国家税制的改革，我国改革了已有的退还产品税、增值税、消费税的出口退税管理办法，建立了以新的增值税、消费税制度为基础的出口货物退（免）税制度。该制度的建立，使出口商品以不含税的价格进入国际市场，与国外产品在同等条件下进行竞争。

1. 进出口企业出口退税货物的必要条件

（1）必须是增值税、消费税征收范围内的货物

（2）必须是报关实际离境出口的货物

（3）必须是在财务上作出口销售处理的货物

（4）必须是已收汇并经核销的货物

2. 出口货物退税登记方式

(1) 出口企业应持出口经营权的批件、工商营业执照、海关代码证书和税务登记证，于批准出口经营权之日起30日内向所在地主管退税业务的税务机关，申请办理退税登记证。

(2) 没有进出口经营权的生产企业应在发生第一笔委托出口业务之前，持委托出口协议、工商营业执照和国税税务登记证向所在地主管退税业务的税务机关，办理注册退税登记。

(3) 出口企业退税税务登记内容发生变化时，企业在工商行政管理机关办理变更注册登记的，应当自工商行政管理机关办理变更登记之日起30日内，持有关证件向退税机关申请办理变更税务登记。

变更退税登记的范围包括：

1) 改变名称
2) 改变企业代码
3) 改变法定代表人、财务经理、办税员
4) 增设或撤销分支机构
5) 改变住所或经营地点
6) 改变生产经营范围或经营方式
7) 增减注册资金(资本)
8) 改变隶属关系
9) 改变生产经营期限
10) 改变或增减开户银行的基本账号
11) 改变其他税务登记内容
12) 企业在办理变更退税登记时，应提交的资料
13) 变更税务登记申请书
14) 工商变更登记表及工商执照（注册登记执照）
15) 退税机关发放的原退税登记证件（登记证正、副本，登记表等）

3. 出口企业发生解散、破产、撤销以及以其他情形骗取出口退税行为的，暂缓退税。依法终止退税业务的，应当在向工商行政管理机关办

理注销手续前，清算已退税款，追回多退税款，再持有关证件向原退税机关申报办理注销退税登记。

4. 出口企业因住所、经营地点变动而涉及改变退税税务登记机关的，应当在向工商行政管理机关申请办理变更或注销登记前，或者住所、经营地点变动前，向原退税登记机关申请办理注销退税登记。

5. 出口企业被工商行政管理机关吊销营业执照的，应当自营业执照被吊销之日起 30 日内，向原退税登记机关申请注销退税登记。

出口企业办理注销出口退税税务登记时，应提交的资料包括：

(1) 上级主管部门的批文或董事会、职代会的决议，外商投资企业证明。

(2) 工商行政管理机关同意注销登记的证件或吊销执照决定书。

(3) 原退税机关核发的税务登记证件（正、副本原件）。

(4) 结清税款、罚款、滞纳金的缴款书复印件。

(5) 其他有关资料、证件。

6. 未办理出口退税税务登记证的企业，一律不予办理出口退（免）税，对逾期办理出口退（免）税登记的企业除令其限期纠正外，还要处以 1 000 元罚款。

7. 出口退税税务登记证实行年审和定期换证制度，时间由市局统一制定。

8. 出口退税货物的范围

(1) 下列企业出口属于增值税、消费税征收范围的货物可办理出口退（免）税，除另有规定外，给予免税并退税。

1) 有进出口经营权的内资生产企业自营出口或委托外贸企业代理出口的自产货物。

2) 有进出口经营权的外资生产企业自营出口或委托外贸企业代理出口的自产货物。

3) 有进出口经营权的外贸企业收购后直接出口或委托其他外贸企业代理出口的货物。

4) 生产企业（无进出口权）委托外贸企业代理出口的自产货物。

5）保税区内企业从区外有进出口权的企业购进直接出口或加工后再出口的货物。

（2）下列特定企业（不限于是否有出口经营权）出口的货物。

1）对外承包工程公司运出境外用于对外承包项目的货物。

2）对外承接修理修配业务的企业用于对外修理修配的货物。

3）外轮供应公司、远洋运输供应公司销售给外轮、远洋国轮而收取外汇的货物。

4）企业在国内采购并运往境外作为在国外投资的货物。

5）援外企业利用中国政府的援外优惠贷款和合资合作项目基金方式出口的货物。

6）外商投资企业特定投资项目采购的部分国产设备。

7）利用国际金融组织或国外政府贷款，采用国际招标方式，由国内企业中标销售的机电产品。

8）境外带料加工装配业务企业的出境设备、原材料及散件。

9）外国驻华使（领）馆及其外交人员、国际组织驻华代表机构及其官员购买的中国产物品。

10）出口加工区、保税物流园区内的生产企业生产出口货物所消耗的水、电、煤气等。

9. 免征国内增值税、消费税的出口货物

（1）来料加工复出口的货物，原材料进口免税，加工自制的货物出口不退税。

（2）避孕药品和用具、古旧图书，内销免税，出口也免税。

（3）出口卷烟在生产环节免征增值税、消费税，出口环节不办理退税。其他非计划内出口的卷烟照章征收增值税和消费税，出口一律不退税。

（4）军品以及军队系统企业出口的军需工厂生产或军需部门调拨的货物免税。

（5）国家现行税收优惠政策中享受免税的货物，如饲料、农药等货物出口不予退税。

(6) 一般物资援助项下实行实报实销结算的援外出口货物免税。

10. 出口退税货物的贸易（海关监管）方式

出口报关时必须提供国家外汇管理局统一制发的出口收汇核销单。出口退税货物的贸易（海关监管）方式包括：一般贸易、易货贸易、来料加工、补偿贸易、进料对口、进料深加工、货样广告品 A、对外承包出口、有权军事装备、无权军事装备、边境小额、对台小额、退运货物、进料料件复出、进料料件退换、进料非对口、进料边角料复出、对台贸易、保税工厂、出料加工、租赁期不满一年、租赁贸易、寄售代销、三资进料加工、旅游购物商品。

11. 外贸企业申报出口退税应当提供的有关单证

外贸企业向税务机关申报出口退税时，应当提供以下单证：

(1) 出口货物报关单（出口退税专用联，俗称“黄联”）

(2) 出口收汇核销单（出口退税专用联）或远期收汇证明

(3) 增值税专用发票（抵扣联）

(4) 出口货物专用发票

(5) 税收（出口货物专用）缴款书或出口货物完税分割单

(6) 委托出口的，还需提供代理出口货物证明

12. 有进出口经营权的生产企业申报退税应当提供的有关单证

有进出口经营权的生产企业向税务机关申报出口退税时，应当提供以下单证：

(1) 出口货物报关单（出口退税专用联，俗称“黄联”）

(2) 出口收汇核销单（出口退税专用联）或远期收汇证明

(3) 出口货物专用发票

(4) 委托出口的，还需提供代理出口货物证明

(5) 出口企业增值税纳税申报表、消费税纳税申报表

(6) 增值税税收缴款书（复印件）

(7) 运保费单据（复印件）

(8) 如果属于进料加工复出口的还需附送进料加工贸易申请表

13. 出口收汇的核销方法

（1）进出口企业在发货前，填写出口收汇核销单后，在当地的外汇管理局办理出口收汇核销单的申领工作。

（2）货物报关出境后，进出口企业通过L/C（信用证）或T/T（电汇）等方式向客户收取货款，货款到账后，银行将出具两份出口收汇通知书，一份用于出口单位的财务记账，一份就用于出口核销。

（3）海关在货物实际离境后，将就该项货物出具两份出口货物报关单及经海关签注的出口收汇核销单。报关单颜色为白色的一份报关单，用于外汇核销；报关单颜色为黄色的一份报关单，用于办理出口退税。

（4）出口企业填写出口收汇情况表后，凭用于核销的报关单以及出口收汇核销单，到外汇管理局办理出口收汇核销手续。

（5）外管局在确认各项单据无误的情况下，在出口收汇核销单的第三联加注用于办理出口退税的金额，并在其上加盖用于出口退税的专用章。

（6）出口企业，凭出口收汇核销单退税联、出口退税报关单到税务局办理出口退税手续。

14. 出口商品退运进境补缴出口退税手续

（1）出口企业将货物报关实际离境出口后，因故发生退运进境时，凡海关已签发出口退税报关单的，出口企业需出具主管其出口退税的税务局部门签发的出口商品退运已补税证明，海关方能办理退运进境手续，以防止骗取出口退税。

（2）办理程序

出口企业在向主管出口退税的税务机关办理出口商品退运已补税证明时，应提供下列资料：

1）关于申请出具出口商品退运已补税证明的报告

2）出口货物报关单（出口退税专用）

3）出口货物运单或提单

4）出口收汇划销单

5）关于退运情况的说明

第三节　我国海关对集装箱进出口货物的查验

海关监管重点提示：核实进出口货物收发货人是否如实申报，确认其进出境货物的真实性、合法性。

海关对进出口货物查验的时间

1. 正常查验时间

海关正常查验，应当在进出口货物所在地海关，接受进出口货物收发货人所申报的纸制报关单以后的时间内，进行查验。

2. 海关复验时间

因海关监管需要对进出口货物复验的，应当在第一次正常查验后，进行复验。

3. 海关径行查验时间

因海关调查走私、违规案件的需要，海关在有见证人在场的情况下，在任何时间，对于已申报或者未申报的货物进行查验。

海关对进出口货物查验的地点

1. 进出口货物海关正常查验的地点

海关对进出口货物正常查验的地点，一般是在海关监管区（包括海关临时监管区的展览品展览区）、海关监管仓库、物流中心（A）、物流中心（B）、出口监管仓库、出口加工区、保税区、保税物流港区、跨境工业园区内进行。

2. 进出口货物海关特殊查验的地点

海关因特殊原因，对经过海关批准存放在海关监管区以外的货物（如大型设备、精密仪器、精密仪表、超大物品、笨重物品、危险品等），可以在货物存放地，如工厂、仓库、安装地等，对其进行查验。

相关链接 海关监管区

海关监管区包括一般海关监管区和临时海关监管区。海关监管区通常是指由一家企业经营，专门存放海关监管货物的封闭区域。区域内或其附近设有海关机构。区域内建有海关监管工作所必需的硬件设施：海关报关、检查场所，海关监管货物的室内仓库，海关特殊查验设备区（如电子衡器、集装箱射线检查基地、射线行李物品检查设备），保税仓库，出口货物监管仓库，进、出口货物存放区，特殊商品（易燃、易爆、易腐蚀、易失效、鲜、活、冷、冻及带有放射性的货物）存放仓库。同时建有监管区经营企业办公区，报关、报关预录入、转关货物运输企业办公区，冷藏集装箱充电区，装卸、包装设备区等。海关规定，未经海关许可，区内的海关监管货物不得出区。

临时监管区特指经海关批准，外国商品展览会、进出口商品交易会等临时使用的展览场所。这类场所存放、展出的进境展品，属于暂时进口货物，该展品直到退运出境前，完全处于海关监管之中。因此，未经海关许可，区内的进境展品不得出区。

海关查验时必须在场的当事人

1. 进出口货物的收发货人，即物权人或经营人的报关员或技术人员。

2. 进出口货物收发货人的代理人，一般为该企业的报关员。

3. 见证人，一般为海关监管仓库、区的海关监管货物的保管人员。

海关查验的规则

1. 不论是正常查验，还是径行查验、复验，当事人之一应当到场，即海关查验人员不得在当事人不在场的情况下，查验进出口货物。

2. 在海关查验进出口货物时，当事人负有开启集装箱、掏箱、搬移货物、开拆货物包装，以及对查验后的出口货物重新装封货物和调度机械设备、有关人力的责任。

3. 海关查验货物时，进出口货物收发货人或其代理人应当按海关要求提供查验货物所需的单证，回答海关提出的有关问题。

4. 海关认为必要时，可以径行开验、复验进出口货物。但是，第一次参加查验的海关工作人员，不得参加复验。无论是海关查验、复验还是径行开验，都可以根据监管需要提取货样。

案　例

某举办单位将出境展览品复运进境。海关得到举报，该展览品内夹藏录像机等应税商品。海关立即对该批6个40英尺的集装箱展览品进行重点查验。由于所举报的商品藏匿得很隐蔽，所以海关第一次查验仅查获一小部分商品，根据举报人的再次举报，海关又换了一批查验人员进行复验，查获了全部走私商品。

5. 进出口货物的收发货人向海关提出对进出口货物免于查验的要求，必须得到海关总署的批准，海关总署批准免验的行政行为，属于海关行政许可范畴。如牵扯到国家安全的核装备、军事装备、安全设备等。

6. 海关查验货物后，当事人必须认真阅读、签字确认海关查验人员填制的海关进出境货物查验记录单，如果收发货人、代理人对记录单记录的内容不服或有疑义拒绝签字，海关查验人员在记录单上注明后，由见证人签字证明。即记录单上必须由海关查验关员、收发货人或者代理人、见证人签字后，才具有法律效力。

实　例

某单位进口投资设备时，在集装箱最里面装有一台集装箱用铲车，海关查验人员在中华人民共和国海关查验记录单的“查验情况记录”中注明：其他货物正常，其中一台1.5吨集装箱电瓶铲车，放在集装箱里部，夹带进境。在场的货主不服海关查验记录中的“夹带”二字，辩解为“忘了申报”，所以拒绝在海关查验记录单上签字。在海关查验人员讲明海关的有关规定后，由海关监管区经营人所属的海关监管仓库保管员代为签字确认。

7. 海关在查验进出境货物、物品时，因海关查验人员的过错，损坏了被查验的货物、物品的，应当赔偿货物的实际损失。具体赔偿办法：由海关关员如实填写中华人民共和国海关查验货物、物品损坏报告书，一式两份，查验关员和当事人双方签字，各留一份。双方磋商货物的受损程度或修理费用（必要时，可凭公证机构出具的鉴定证明确定），以海关审定的完税价格为基数，确定赔偿金额。赔偿金额确定后，由海关填发中华人民共和国海关损坏货物、物品赔偿通知，当事人自收到通知单之日起，3个月内向海关领取赔款或将银行账号通知海关划拨，逾期海关不再赔偿，赔款一律用人民币支付。

但是，遇有下列情况，海关不予赔偿：

（1）易腐烂、易失效货物在海关正常工作时间内变质或者失效的。

（2）海关正常查验时产生的不可避免的磨损。

（3）由于自然灾害、战争等不可抗力的原因造成的损害。

（4）海关查验前和查验后发生的损坏。

8. 在查验过程中对所验货物的品质、类别等无法确定或鉴别不清的，不得擅自处理，应及时报告并交由海关的化验中心或委托的检验机构进行鉴定，陪同查验的进出口收发货物人及其代理人应当向海关收取取样清单，并和海关人员共同对提取的货样进行加封并签字确认。

第四节　我国海关对集装箱货物人工查验的基本办法

海关对集装箱货物的查验，是指对装载于集装箱进行海、陆、空运输的货物的查验，本节主要介绍江海运输方式下，集装箱货物的查验。需要运输的货物无论是散装货物、裸装货物还是包装货物，从技术上讲，不能使用集装箱运输的很少。但是，从经济效益考虑，有些货物并不完全适用于集装箱化运输，比如钢材、矿砂、粮食、卡车等。

人工查验集装箱货物的程序

1. 查验货物前应核对箱号、施封锁号是否与申报相符，施封锁是否完整。

2. 开箱验货，核查货物的包装情况、装箱情况，如货物的装箱情况是否整齐，包装是否单一，有无货物损坏，即时获得随货装箱清单。

相关链接

随货装箱清单，是指机械设备、仪器仪表、医疗器械、汽车等成品，在出厂时由生产厂家装在货物包装箱内，用于指示箱内全部货物包括零配件在内的清单。

案　例

20 世纪 90 年代中期，某国际货物运输代理公司代某公司进口卫星地面接收系统，共计两个 20 英尺集装箱。水路运输后转关至北京海关海运货物监管区。在海关查验时发现单一包装的货物很多，经验丰富的海关关员立即在几个较大的木制包装箱内寻找随货装箱清单，找到后与箱内货物一一核对。

虽然走私分子为达到夹带走私货物进口，偷逃关税的目的，在香港对原厂包装打开并且将走私货物藏在其中，但是，他们却没有将随货装箱清单撤出销毁，为自己的罪行留下了有力的证据。正是这张小小的随货装箱清单，使海关破获了一起走私大案，保证了国家税收的完整性。

3. 根据货物实际情况和海关内部查验工作指令确认查验方式。

集装箱货物的基本人工查验方法

1. 外形查验

（1）外形查验，是指查验货物时仅对货物的数量、唛码标志、外形特征进行查验。这种查验方法主要适用于采用集装箱运输的裸装货物、单件货物，如机械设备、汽车、钢材等。海关查验时，打开集装箱箱门后，可以在不需要打开货物外包装的情况下，非常直观地对其进行查验。

（2）外形查验的具体操作方法是，在核对集装箱封志和集装箱箱号无误后，打开集装箱箱门，核对货物的品名、唛码标志、原产地等属性，并且目测其数量、质量、材质等，初步掌握该票货物的实际情况。如果在外形查验时发现货物与实际不符时，将对全部货物采用彻底查验的方式，对其进行查验。

2. 掏箱查验

(1) 掏箱查验，是指将部分或全部在集装箱内的货物，掏出集装箱后再进行查验。

掏箱查验，也是海关在对集装箱运输货物查验中使用较多的方法。货物出箱后，掏箱工人根据货物对码放场地和海关监管的要求，将其码放在海关指定的位置。海关根据报关资料，对货物进行确认和数量清点，以确认货物是否如实申报，有无伪报、瞒报、申报不实、夹带、藏匿走私违规的现象。

案 例

20 世纪 90 年代中期，某报关企业代理某合资企业报关出口，货物是由韩国来料的粘胶纤维面料经表面处理加工制成的，共计 2 个 40 英尺的集装箱。加工后的面料为 11 美元/幅米，折合人民币约 100 元/幅米。化纤面料为什么会有如此高的价格，面料又进行了什么样的加工，这一系列的问题使海关查验人员开始警惕起来。经过实际查验，该批面料的原包装都未打开，何谈加工。经过深入调查得知，该公司为了构筑虚假业绩骗取银行贷款，苦心成立了一个空壳的合资加工企业，借用他人厂房骗取海关及有关政府部门的审核，以达到骗取银行贷款开展房地产业务的目的。

案 例

20 世纪 90 年代初期，某国际货运代理公司代某进出口贸易公司出口瓷制工艺品一批。临近中午时，发货人以赶船期为由，要求海关照顾放行。在查验该批货物时，海关关员凭着多年对我国重要出口商品——瓷器的查验经验，感到这次出口产品的包装盒的体积与货物不成比例，包装盒显得较厚、较重。经过仔细查验，发现包装盒的底部设有夹层，里面藏有古钱币和其他国家禁止出境的文物共计 2 684 件。

（2）掏箱查验时的掏箱程度，除根据海关内部布置的指令进行外，还应当根据掏箱后货物的具体情况进行调整，其程度以可以认定集装箱中的货物与申报是否相符为限。

（3）掏箱查验适用的情事

1）集装箱中的货物装箱情况复杂，不掏箱无法确认箱内全部货物的情况。

2）集装箱内货物品种复杂，多品种、多品名的货物混装在一起。

3）特种集装箱货物，如冷藏集装箱货物，因查验场地条件的约束，无法现场查验，并且该类集装箱走私风险较大，所以应在特定场所对其进行掏箱查验。

（4）掏箱查验的具体掏箱方式

根据海关对集装箱货物掏箱查验的具体需要，集装箱掏箱方法可以分为以下三种方式：

1）“一”字形，即将集装箱中部的货物，在保证货物和人员安全的情况下全部掏出箱外。

2）“二”字形，即将集装箱左侧或右侧的货物，在保证货物和人员安全的情况下全部掏出箱外。

3）“三”字形，即将集装箱内的货物全部掏出箱外。

3. 拼箱货物的人工查验

拼箱货物，是指若干个进出口货物收发货人的货物，共同装在同一个集装箱内进行国际运输。海关对拼箱货物的查验要求如下：

（1）查验拼箱货物时，原则上是必须见到所有的货物后，才能进行查验。必须先将货物掏出集装箱后，包括已经装箱出口的货物和集装箱运输的进口货物，才能进行查验。

（2）查验时要先核对全部唛头后，再确定需查验的货物。

（3）对于集装箱出口货物，海关查验后应当对其施加封志。

人工查验集装箱货物时应注意的事项

为了加快通关速度，减少进出口货物收发货人的支出，保护商品的完整性，规避海关查验中的风险，海关在对进出口货物查验时应当做到以下几点：

1. 能看不掏

对于相对单一的集装箱货物，如玻璃、钢材、铝型材、木材、新闻纸、电缆、光缆等，在箱门开启后，如果查验人员可以进箱查验的，尽量不要掏箱查验。

2. 能看不摸

为了保护商品，特别是对于精密仪器仪表、医疗器械、工艺品、文物、小轿车、摄影摄像器材、光学仪器等类的商品，查验时应当以看为主，以动手触摸查验为辅，能够看清商品铭牌的，可以进行一般的外观查验。

3. 能低不高

海关查验时，对于多层码放的货物，应当先将货物搬放在地面，再进行查验，并且对于小件货物也不要用手拿起查验，而应当请当事人将被查验的货物放在地面后，再进行查验。

4. 能带不裸

海关查验货物时，特别是对于精密商品、表面光洁度高的商品，如仪器、照相机镜头、文物、金银首饰等，必须佩戴汗布手套，且不可在普通环境中进行查验。

5. 能使用仪器，不使用人工

对于小轿车、服装面料、棉花、羊毛、木材、橡胶、轮胎、设备等货物，能够利用集装箱检查仪查验的，应当尽量采用仪器检查，发现可疑点时，再采用其他方式查验。

6. 能使用工具，不使用手拿

海关查验集装箱货物时，必然会用手拿取货物。在拿取货物时，特别是拿取化学品、化妆品、易燃品、玻璃制品时，应当尽量使用橡胶手套、竹镊子、金属镊子、平口钳、塑料勺、金属勺等拿取。拿取后应当将货物放在塑料盒、塑料桶、塑料盆、木箱、玻璃广口瓶、玻璃器皿中。

第五节 我国海关对集装箱货物的仪器查验及特训犬查验方式

电子地磅查验方式

1. 电子地磅的安装位置

电子地磅，是利用电子压力传感器（电容式、电感式），将集装箱及其所装货物与集装箱运输车辆的共同重量衡量出来，为海关查验提供参考依据。目前，海关安装使用的电子地磅规格分为60吨、80吨、100吨三种。为了方便衡量，应当将电子地磅安装在海关进口监管区和出口监管区的入口处，且高于地面60厘米，并带有防雨棚。

2. 电子地磅的查验方式及适用的货物范围

由于电子地磅只能粗略地查验出货物的毛重，所以，仅适用于对装载单一品种货物的散货集装箱、罐式集装箱的查验，如液态化工原料、粮食、玻璃、钢材、钢铁制品、大理石板、花岗岩板、三合板、化肥、农药、食糖、食用植物油、润滑油、润滑脂、食用果胶等。

3. 电子地磅的一般查验方式

电子地磅的一般查验方式，即查验人员根据经过海关审核后的电子报关单的毛重数据，以及集装箱运输车辆的自重和集装箱箱重的数据，粗略计算出货物的毛重，然后根据风险分析系数，判断进出口货物的收发货人是否如实申报，或者进行过开箱查验。这样的查验方式，由于运输集装箱车辆的自重资料没有存入海关电子地磅检查系统，所以无法达到自动查验、自动分析、自动报警的海关现代化查验方式，因此，这样的查验方式目前已经很少采用。

4. IC卡式电子地磅的查验系统

为了适应我国加入世界贸易组织后进出口贸易猛增的新形势，提高集装箱所载货物在口岸的通过能力，20世纪90年代中期，我国海关在北京等海运转关集装箱监管区试行“IC卡式电子地磅查验系统”。该系统依托海关H2000报关系统和海关进出口货物风险分析系统及企业风险管理系统，实现对集装箱运输货物进行从单一量化监管到实质监管的目的，为海关的现代化建设奠定了基础。

IC卡式电子地磅查验系统的具体查验方式是，集装箱进入电子地磅区后，驾驶员将记录有运输车辆牌照号码，海关监管车辆编号，车辆所属企业，驾驶员姓名、体重，车辆自重等资料的IC卡接近感应器，距离不超过50厘米，其全部资料将自动进入IC卡式电子地磅查验系统。该系统将货物的实际毛重与报关单上的经营单位、报关单位、报关员、原产国、商品名称、毛重、净重等，企业风险管理中报关单位、经营单位、报关员的风险系数，海关内部有关单位的重点风险分析警报，以及海关监管货物现场作业关员的控制参数自动进行比对，通过计算和分析，初步得到该批货物是否如实申报，是否存在走私，是否需要对其进行人工查验的信息。当毛重超过控制范围，或者经营单位、货物原产地属于重点监管控制对象时，系统将自动发出声光报警，提示查验关员转换其他查验方式。这样的查验方式，每辆车所需的时间，仅仅是集装箱通过地磅区的时间，因而大大地提高了通关的速度，降低了查验的成本。

案　例

某台资企业水路转关运输进口了1个40英尺的大理石板，该大理石板表面已经打磨，背面粘有环氧树脂与化纤构成的防裂网，四周为自然形状。经IC卡式电子地磅查验系统的查验，该大理石板的重量远大于申报的重量。收货人辩解为所申报的重量是大理石板切割后的重量，经过海关关员的教育，收货人承认了自己重量申报不实的错误，并接受了海关的处罚。

集装箱射线检查仪查验方式

20世纪末期，我国海关将射线影像技术应用于对集装箱运输货物的检查，目前，我国大多数海关监管区均安装了集装箱射线检查仪，并利用该检查仪对进出口集装箱运输的货物、进出境公路运输车辆进行快速、安全的通道式检查。该系统利用射线穿透不同物质的能力，通过计算机的处理，显示出车辆、集装箱、货物、物品的轮廓图像及深浅影像。对于汽车、汽车轮胎、仪器仪表、机器设备、钢材、枪支、刀具类货物，检查仪能够直接显示出轮廓图像；对于液体货物、纺织品、水泥、粮食、炸药、海洛因、冰毒、纸张类，可以显示出深浅影像。然后，通过计算机对深浅影像的处理，最后得到物体的真实面貌。这如同人类医疗所使用的X光照相技术，对于人体骨骼，照片上反映出的是骨骼的轮廓，但对于肌肉和软组织，反映出的是深浅影像。利用检查仪对进出境集装箱和车辆进行检查，是我国海关科技发展的一个重要转折点，也是我国海关迎接世界经济大循环的一个重要应对措施。

目前的检查仪的射线源有电子加速器和钴源两种。由于射源安装及计算机技术问题，目前还无法解决产生更大穿透力和提高影像分辨率的问题，更没有解决三维成像的问题。因此，在利用检查仪查验集装箱运输货物的同时，还离不开人工查验。

另外，目前有关单位还采用“人体生命探测仪”，对进出境集装箱进行检查。

1. 固定式集装箱射线检查仪的查验方式

固定式大型集装箱检查系统适合装备在高吞吐量的海路和陆路口岸。根据口岸场地和货运量的大小，可配备不同面积的辅助建筑，提供良好的人员工作环境和配套的生活设施。固定式大型集装箱检查系统有穿透能力强，图像清晰度高，检查速度快的特点。

在使用固定式大型集装箱检查系统时，为了防止射线溅射伤及人体，所以在开机前必须认真检查射线区是否有人员存在后，才可以开机。

2. 移动式集装箱射线检查仪的查验方式

移动式集装箱射线检查仪，类似于轮胎式集装箱龙门吊。检查时是检查仪沿直线运动，将被检查的集装箱或者车辆跨在射线臂下进行检查。由于移动式集装箱射线检查仪带有自屏蔽设计，所以该检查仪不仅无须修建固定式防护建筑，更无须修建辐射防护墙，就可满足各种车辆、海运集装箱等的查验需求。

特训犬查验方式

特训犬查验并不是针对货物的真实性，而是为了解决目前海关查验人员和影像学仪器及其他仪器仍然无法解决的毒品和爆炸物走私的问题。

所谓特训犬查验方式，是指海关利用犬自身的嗅觉优势和经过特殊培训后能够与人配合的特性，采用“人导、狗嗅、后验”的方式对集装箱所装的货物、行李物品进行查验。即训犬人员根据海关现场人员的指示、情报分析，对于集装箱海关监管库进行定期和重点巡查，缉毒犬或防爆犬发现可疑物后，海关有关人员立即进行化验分析，以确定可疑物的性质。

特训犬查验方式，能够使海关在集装箱运输的分运行李和投资设备中查获大麻脂和海洛因。由此加大了海关打击以水路运输货物方式走私毒品、爆炸物的力度。

案　例

20 世纪 90 年代中期，在某海关监管仓库，由国际缉毒局培训的缉毒犬，在没有任何情报的情况下，查获了藏在海运分运行李中的毒品——

高纯度大麻脂15克。这百余件行李是三天前在集装箱掏出后存入该库的，该仓库通风设备良好，全部水泥结构，库高7米，每500平方米为一个单元，之间采用隔离栅隔离，共有5个单元贯通，藏毒的纸箱存放在2号库的最里面。

当缉毒犬到达1号库时，已经有了兴奋的反应，到了2号库的门口时，没等仓库保管员将库门完全打开，缉毒犬就带着训犬员直奔藏毒的纸箱，到了纸箱前毫不犹豫地发出了找到目标的信号。在该行李的主人提取行李时，海关关员在他在场的情况下，逐一打开属于他的13个纸箱，在7号箱内，发现了藏在浙江某厂生产的扑克牌包装盒里，用塑料纸严密包裹，并且放在两张扑克牌之间的高纯度大麻脂。

这起走私毒品案件的成功查获，成为中国海关第一起在没有任何情报的情况下，利用缉毒犬查出分运行李走私毒品的典型案例。

第六节　集装箱货物水路运输口岸快速通关指南

“登记验放、集中审征”的通关方式

“登记验放、集中审征”的通关方式，是指经海关批准的企业，其进口货物运抵口岸后，可先向海关办理货物登记手续，海关据此验放货物。事后在规定的时限内集中办理申报、缴纳税费等通关手续。该措施能够使企业在进口货物运抵口岸后，可以迅速便捷地办理海关手续，立即提取货物，大幅度地提高了通关效率，也使海关的通关管理工作，能够适应不断发展变化的对外贸易形势和现代物流的需求，更能够使企业充分享受到“无障碍”通关的便利。

1. 适用“登记验放、集中审征”的企业范围

(1) 守法经营，资信可靠，内部管理规范严格，一年内无走私、违规事件发生，并有足够的资产或资金为本企业因适用该措施，而应承担的经济责任提供总担保的企业。

（2）在中国关境内具有独立法人资格，已获取进出口经营权，并已在海关注册登记的进出口企业。

（3）年进出口货物量大的企业。

（4）为特殊企业服务的，并且需要全天供货的物流企业。

（5）经海关审核，资信可靠，且其产品对物流有特殊要求的生产型企业。

2. 可以向海关提出申请“登记验放、集中审征”的特殊情况

（1）重要进口物资，如进口用于防治疫情的药品器材，用于防洪抢险、抗震救灾、国防项目的物资，及国际体育比赛的物资等。

（2）不利于在港口集结及堆存的化工品、危险品、油料、燃料等物资。

（3）大宗散装进出口货物，并且其数量、重量在进出口时经常发生变动的货物，如进出口散装粮食、煤炭、矿石、矿粉等。

高新技术产品出口企业的便捷通关方式

便捷通关方式，是指海关对于在对外贸易和通关活动中，一贯守法经营的高新技术产品出口企业出口产品时，采取的监管方式。该监管方式是以加快通关速度为目的，以进出口企业表现为基础，以“逻辑分析”为监管方式，以鼓励高新技术产品出口为结果。

1. 适用范围：具有一定的出口规模，且资信可靠的高新技术产品出口企业。

2. 资格申请：由企业提出申请，海关会同对外贸易管理部门进行审核。

3. 便捷通关方式包括以下措施：

（1）出口企业可以向海关进行预约，登记通关时间。

（2）海关可以对拟出口的商品进行预归类、预审价。

（3）海关专门设立快捷通关窗口，做到特事特办。

（4）对应税出口货物，可以先担保放行货物，后办理正式报关手续。

(5) 在电子审单的计算机程序中，增加对这些企业提供便捷通关标志、加急审单、自动分派审单等功能。

“提前报关、实货放行”的通关方式

“提前报关、实货放行”的通关方式，是指进出口企业可以在进口货物启运后抵港前，提前向海关办理报关手续，递交有关单证，办理并缴纳税费；货物运抵后，由海关监管现场直接验放的通关方式。“提前报关、实货放行”通关方式应当注意的问题：

1. 向海关提前办理报关手续，必须是在船舶代理部门向海关申报具有法律效力的舱单数据的条件下才能办理。

2. 近洋货物提前 24 小时报关，远洋货物提前 96 小时报关。

3. 该通关方式适用于在口岸办理进口货物报关手续的企业。

口岸直通通关方式

北京与天津新港相距 148 千米，两地之间既有铁路连接，又有高速公路和国道连接。特殊的自然地理位置和人文位置，使京津两地紧紧相连。将天津新港向北京延伸，在北京的南大门建立“无水港”，早已成为两地对外贸易发展的需要。对此，两地海关一改传统的监管模式，变各自独立监管为联手监管，建立了口岸直通通关方式。

口岸直通通关方式适用于“京津海陆中转联运货物”，包括进口海陆中转联运货物和出口海陆中转联运货物。进口海陆中转联运货物是指以海运方式由境外启运，海运提单上注明指运地为北京，卸货港为天津口岸，由船公司交委托承运人陆路运输至北京的进口集装箱货物。出口海陆中转联运货物指在北京签发海陆提单，由境内承运人境内陆路运输运至天津港，再以海运方式运往境外的出口集装箱货物。

1. 进口海陆中转联运货物工作流程

(1) 申请人应向海关递交下列单据：

1) 进口转关货物申报单（一式三份）

2）进口货物中转通知书

3）载货登记簿

4）中转货物单列舱单

5）海关需要的其他单证

（2）海关审核电子数据和纸质单证数据是否相符，发送放行电子数据，核销海陆进境舱单。

（3）海关批注的载货登记簿。

（4）将两份进口转关货物申报单和一份中转货物单、舱单封入关封，随货带交北京海关。

（5）在进口货物中转通知书上盖放行章，凭此向港务部门办理中转提货手续。

2. 出口海陆中转联运货物工作流程

（1）申请人应向海关递交下列单据：

1）北京海关的关封

2）出口货物中转通知书

3）载货登记簿

4）海关需要的其他单证

（2）海关验核运输工具、关锁和货物后，调阅出口转关申报单电子数据，办理货物的转关核销手续，向北京海关发送电子回执。

（3）海关批注的载货登记簿。

（4）在出口货物中转通知书上加盖放行章，凭此办理货物出境手续。

（5）在接受清洁舱单数据后的三个工作日内办理货物的出境结关核销。

进出口转关运输货物的通关方式

1. 进口转关运输程序

（1）提前报关的进口转关运输货物，在进境地海关的工作流程：

1）调阅审核进口转关数据，核销进境舱单。

2）输入境内运输工具的编号及车牌号或船名。

3）施加关锁，录入关锁号。

4）在汽车载货登记簿或船舶监管簿上批注转关申报单号及有关内容，并签章。

5）在提货（运）单上加盖放行章，凭以办理提货手续。

6）在进口转关货物核放单上批注、签章后，与进口转关申报单复印件留存归档。

（2）直转方式的进口转关运输货物，在进境地海关的工作流程：

1）调阅审核进口转关数据，核销进境舱单。

2）输入境内运输工具的编号及车牌号或船名。

3）施加关锁，录入关锁号。

4）在汽车载货登记簿或船舶监管簿上批注转关申报单号及有关内容，并签章。

5）在提货（运）单上加盖放行章，凭以办理提货手续。

6）进境地海关接受转关申报后，将一份进口转关申报单留存归档，两份封入关封随货带交指运地海关。

2. 出口转关运输货物运抵出境地后，在出境地海关的工作流程

具体如下：

（1）调阅、审核启运地海关传输的出口转关申报单数据。

（2）核对关锁。

（3）批注汽车载货登记簿或船舶监管簿，向启运地海关发送转关核销的电子回执。

（4）在运单上加盖海关放行章，交由发货人或其代理人办理货物的装运出境手续。

（5）货物实际离境后，核销清洁舱单，向启运地海关结关反馈。

第七节 我国海关对集装箱货物进出口转关运输的监管

转关运输，是指进出口货物或者其他海关监管货物，在海关监管下，

从一个设立海关的地点转往另一个设立海关的地点，继续办理海关手续的行为。转关运输货物必须由在海关注册登记，获得海关行政许可的境内运输承运人承运。海关对转关运输货物监管的目的，是降低海关监管货物在境内转关运输中的风险。因此，未经海关许可，任何人不得开拆、提取、交付、发运、掉换、改装、抵押、质押、留置、转让、更换标记、移作他用或者进行其他处置。

申请转关运输的条件

为了规避海关监管货物在境内转关运输中的风险，进出口货物收发货人或者其他海关监管货物的物权人申请办理转关手续时，必须符合以下条件：

1. 无论是在同一关区内转关，还是跨关区转关，或者在特殊区域之间转关，转关运输的启运地、指运地必须设有海关。

2. 转关运输的启运地、指运地，必须设有海关批准的监管区、监管库。

3. 转关货物的承运人必须在海关注册登记，获得海关行政许可，并且提供风险担保。

4. 转关货物的承运车辆必须符合海关对监管运输车辆安全的标准，以及能够施加海关封志的要求。

案　例

20世纪中期，我国的加工贸易处于起步阶段，海关监管工作也在逐步适应改革开放的步伐。海关对于转关货物的承运车辆还没有现在的要求和规定，某些不法分子便利用加工贸易和转关运输的海关监管漏洞进行走私。

某单位开展为日本来料装配电动打字机的业务，打字机零部件由港口转至该企业，由于当时转关货物的运输没有规定使用封闭式货柜车，该单位在开展3个月的加工贸易后，发现转关运输是一条既危险又方便的走私通道。于是，在进口的木箱中，放置了当时最时髦的家用电脑，为了防止指运地海关查验货物，在转关的途中不留痕迹地打开木箱，取出电脑，然后再将从该单位仓库存的打字机零部件运至交接地点，装入木箱中，再运回该企业等待海关“查验、放行”。经过海关的缜密调查，识破了这种“狸猫换太子”的走私方式，破获了此案，该单位的法人代表受到了法律的制裁。

5. 转关货物的承运车辆必须按海关指定的路线、限定的时间运输。

不得申请转关运输的货物

不得申请转关运输的货物主要是指进境的货物，为了严密海关监管，保护环境，海关对进境货物的转关加以了限制，主要如下：

1. 可利用的进境固体废物（废纸除外），包括：动物、冶炼渣、木制品、纺织品、贱金属、废旧五金、电机、电器、运输设备、塑料等。

2. 进境易制毒化学品、重点监控化学品、消耗臭氧层物质。

3. 进境汽车类，包括成套散件和二类底盘。

4. 海关指定报关地点的进境货物。

转关运输的类型

转关运输在海关实际监管中可以分为三种类型：进口转关运输、出口转关运输和境内转关运输。具体如下：

1. 进口转关运输

进口转关运输，是指进口货物由进境地海关入境后，其进口货物收货人或其代理人，向海关申报转关。经海关批准放行后，货物由在海关注册登记的国内运输企业运往申请人指运地海关，然后由进口货物收货人或其代理人向指运地海关继续办理通关手续的行为。

实　例

北京某公司以来料加工的方式从日本海运进口一批医疗用CT扫描仪零部件，进境港为天津新港，目的地是北京亦庄经济技术开发区，并且收货人准备在北京海关驻朝阳口岸办事处办理通关手续。此时，北京某公司或其代理人就可以向天津新港海关提出转关申请，要求将该批货物转到北京海关驻朝阳口岸办事处办理进口货物通关手续，包括申报、征税、查验、放行。天津新港海关放行这批转关货物后，由北京海关或者天津海关批准的转关运输车队，运至北京海关驻朝阳口岸办事处海关监管区。货物入区后，北京某公司将在这里完成进口货物全部的海关手续。

在这里，我们将天津新港称为进境地，将天津新港海关称为进境地海关，将北京朝阳口岸称为指运地，将北京海关驻朝阳口岸办事处称为指运地海关，将医疗用CT扫描仪零部件称为转关运输货物。

2. 出口转关运输

出口转关运输，是指出口货物在启运地海关办理完出口货物海关手续后，经海关批准，货物由在海关注册登记的国内运输企业运往申请人出境地海关，然后由出境地海关将其监管出境的行为。

实　例

北京某公司将以来料加工方式从日本海运进口的医疗用CT扫描仪零部件加工后的成品复运出境，出境港为天津新港，起运地是北京亦庄经济技术开发区。发货人准备在北京海关驻朝阳口岸办事处办理前述货物的报关手续。此时，北京某公司或其代理人就可以向北京海关驻朝阳口岸办事处提出转关申请，要求该批货物在北京海关驻朝阳口岸办事处办理出口货物通关手续后，转关至天津新港海关放行出境。

在这里，我们将天津新港称为出境地，将天津新港海关称为出境地海关，将北京朝阳口岸称为启运地，将北京海关驻朝阳口岸办事处称为启运地海关，将医疗用CT扫描仪加工后的成品称为转关运输货物。

3. 境内转关运输

境内转关运输，是指将海关监管货物从关境内一个设立海关的地点转往另外一个设立海关的地点继续办理海关手续的运输方式。其货物为境内转关运输货物。

实　例

参加北京国际石油技术展览的某国外参展商，将展览品从日本海运至天津新港，目的地是北京国际展览中心。收货人准备在北京海关ATA单证册核销中心办理通关手续。此时，北京某公司或其代理人就可以向天津新港海关提出转关申请，要求将该展品转到北京海关驻朝阳口岸办事处办理进口货物通关手续。天津新港海关放行这批转关展品后，将由北京海关或者天津海关批准的转关运输车队，运至北京海关驻朝阳口岸办事处海关监管区。货物入区后，根据参展商的申请以及海关的有关规定，北京海关驻朝阳口岸办事处又将该展览品转至北京海关ATA单证册核销中心，参展商在北京海关ATA单证册核销中心完成全部报关手续。

在这里，我们将天津新港称为进境地，将天津新港海关称为进境地海关，将北京朝阳口岸也称为“进境地”，将北京海关驻朝阳口岸办事处也称为“进境地海关”，将北京海关ATA单证册核销中心所在地的北京国际展览中心称为指运地，将北京海关ATA单证册核销中心称为“指运地海关”，展览品称为境内转关运输货物。

相关链接

ATA单证册的含义

暂准进口单证册，简称ATA单证册，是指世界海关组织通过的《货物暂准进口公约》及其附约A，以及《关于货物暂准进口的ATA单证册海关公约》中规定使用的，用于替代各缔约国缔约方海关暂准进出口货物报关单和税费担保的国际性通关文件。

北京海关ATA核销中心的任务

北京海关ATA核销中心的任务，是对ATA单证册的进出境凭证进行核销、统计以及追索，应成员国担保的要求，依据有关原始凭证，提供ATA单证册项下暂时进出境货物已经进境或者从我国复运出境的证明，并且对全国海关ATA单证册的有关核心业务进行协调和管理。

转关运输的方式

进出口货物的转关运输分为提前报关转关、直接转关和中转转关三种方式：

1. 提前报关转关

提前报关转关，是指进口货物在指运地先申报，再到进境地办理进口转关手续，出口货物在货物未运抵启运地监管所前先申报，货物运抵监管场所后再办理出口转关手续的转关运输方式。

2. 直转转关

进口直转转关，是指在进境地海关办理转关手续，货物运抵指运地后，再在指运地海关办理报关手续的进境货物进口转关运输方式。

出口直转转关是指在货物运抵启运地海关监管场所报关后，在启运地海关办理出口转关手续的出境货物出口转关运输方式。

3. 中转转关

中转转关，是指在收、发货人或其代理人向指运地或启运地海关办理进出口报关手续后，由境内承运人或其代理人统一向进境地或启运地海关办理进口货物出口转关手续的转关运输方式。

具有包括境外运输或境内运输的全程提运单，必须换装境内运输工具的进出口中转货物，适用中转转关运输方式。

海关对于转关运输货物的监管规定

1. 转关运输的监管时限

（1）直转转关的时限

直转转关方式的进口货物应当自运输工具申报进境之日起 14 日内向进境地海关办理转关手续，然后按海关限定的期限，从货物运抵指运地海关之日起 14 日内，向指运地海关办理报关手续，逾期按规定征收滞报金。在进境地办理转关手续逾期的，以自载运进口货物的运输工具申报进境之日起第 15 日为征收滞报金的起始日；在指运地海关申报逾期的，以自货物运抵指运地之日起第 15 日为征收滞报金的起始日。

（2）提前报关方式转关的时限

1）进口转关货物应在电子数据申报之日起的 5 日内，向进境地海关办理转关手续，超过期限时，指运地海关将撤销提前报关的电子数据。

2）出口转关货物应在电子数据申报之日起的5日内，运抵启运地海关监管区，办理转关和验放等手续，超过期限时，启运地海关撤销提前报关的电子数据。

2. 转关运输申报单的法律效力

转关运输申报的电子数据与书面单证具有同等的法律效力，对确实因为填报或传输错误的数据，有正当理由并经海关同意的，可作适当的修改和撤销，对海关已经决定查验的转关货物，不允许修改或撤销申报的内容。

海关对转关运输企业及车辆的监管方式

1. 海关对转关运输企业的管理方式

（1）注册登记行政许可管理

运输企业、车辆应当向企业所在关区的直属海关申请办理注册登记手续，并获得海关行政许可，驾驶员应当办理备案登记手续。海关对运输企业、车辆的注册登记资料以及驾驶员的备案登记资料实行计算机联网管理，数据资料共享的，不再办理异地备案手续。

（2）风险保证金担保管理

为了加强对转关运输企业的管理，规避海关监管货物在转关运输的过程中出现丢失，或未按海关规定的路线、时间行使运输，甚至将海关监管货物在运输途中出售、转移的风险，海关可以向转关运输企业收取一定的风险保证金。

（3）卫星定位系统管理

目前，已有部分从事海关监管货物转关运输的车辆安装了“GPS——卫星定位系统”，海关可以通过该系统对转关运输车辆进行实时监控或事后核查。实施卫星定位管理的车辆，卫星定位管理系统配套使用的身份证（IC卡）与汽车载货登记簿具有同等效力。

2. 海关对转关运输企业所使用的厢式货车的监管方式

(1) 转关运输企业所使用的厢式货车，其厢体必须与车架固定为一体，厢体必须为钢铁或铝合金结构，厢内无暗格、无隔断，厢式货车车门与集装箱箱门类似，具有施封条件，车厢连接的螺丝均须焊死，车厢两车门之间须以钢板相卡，保证施封后无法自由开启。

(2) 有特殊需要，厢式货车需加开侧门的，须经海关批准，并符合海关监管要求。

(3) 海关对转关运输车辆的监管条件及相关文件进行审核，合格后，颁发中华人民共和国境内汽车载运海关监管货物车辆准载证、中华人民共和国海关境内汽车载运海关监管货物载货登记簿。

3. 承运海关监管货物的驾驶员应当符合的条件

(1) 具有中华人民共和国居民身份证。

(2) 为运输企业职工，并获得有关部门颁发的与驾驶车辆相符合的机动车驾驶证。

(3) 没有故意违法犯罪前科。

(4) 能够遵守海关的有关管理规定。

4. 运输企业、驾驶员，有下列情形之一的，可以给予警告、暂停其6个月以内从事有关业务或者执业

(1) 有走私行为的。

(2) 1年内有3次以上重大违反海关监管规定行为的。

(3) 管理不善致使保管的海关监管货物多次发生损坏或者丢失的。

(4) 未经海关许可，擅自开启或损毁海关加施于车辆的封志的。

(5) 未经海关许可，对所承运的海关监管货物进行开拆、调换、改装、留置、转让、更换标志、移作他用或进行其他处理的。

(6) 有其他需要暂停从事有关业务或者执业情形的。

5. 运输企业、驾驶员，有下列情形之一的，海关可以撤销其注册登记或者停止其从事有关业务。

(1) 构成走私犯罪被司法机关依法处理的。

(2) 1年内有两次以上走私行为的。

(3) 管理不严，1 年内 3 人次以上被海关暂停执业、取消从业资格的。

(4) 因违反规定被海关暂停从事有关业务或者执业，恢复从事有关业务或者执业后 1 年内，再次发生违反本办法规定的，暂停从事有关业务或者执业情形的。

(5) 其他需要撤销其注册登记或者停止从事有关业务的情形。

第八节　集装箱进出口货物的海关放行

海关监管重点提示：海关放行进出口货物必备的条件是完全缴清税款或者提供海关事务担保。

海关放行进出口货物的时间

1. 对于一般进出口货物，在进出口货物收发货人缴清全部税款及有关滞报金、滞纳金后，且进出口货物收发货人所申报的内容与实际货物相符合时，海关应当放行进出口货物，即允许将进出口货物移出海关监管区、监管库、保税仓库、保税区等，进行销售或者使用。

2. 对于非区域监管的保税加工进口料件，在进口货物收货人办理海关事务担保后，且进口货物收货人所申报的内容与实际货物相符合时，海关应当放行进口货物，即允许将进口货物移出海关监管区、监管库、保税仓库、保税区等，进行加工、装配。

3. 对于暂时进出境货物，在进出境货物收发货人办理海关事务担保后，且进出口货物收发货人所申报的内容与实际货物相符合时，海关应当放行进出境货物，即允许将进出境货物移出海关监管区，进行展示、实验等使用。

4. 对于正在办理减免税的进出口货物，在纳税义务人办理海关事务担保后，且进出口货物收发货人所申报的内容与实际货物相符合时，海关应当放行进出口货物，即允许将进出口货物移出海关监管区，进行销售、使用或者装船出境。

5. 对于暂时缓纳进口关税的进口货物，在进口货物收货人办理海关事务担保后，且进口货物收货人所申报的内容与实际货物相符合时，海关应当放行进口货物，即允许将进口货物移出海关监管区，进行销售或者使用。

6. 对于商品归类有争议的进出口货物，在进出口货物收发货人办理海关事务担保后，且进出口货物收发货人所申报的内容与实际货物相符合时，海关应当放行进出口货物，即允许将进出口货物移出海关监管区，进行销售、使用或者装船出境。

7. 对于商品估价有争议的进出口货物，在进出口货物收发货人办理海关事务担保后，且进出口货物收发货人所申报的内容与实际货物相符合时，海关应当放行进出口货物，即允许将进出口货物移出海关监管区，进行销售、使用或者装船出境。

8. 对于有侵犯知识产权嫌疑的进出口货物，在进出口货物收发货人办理海关事务担保后，且进出口货物收发货人所申报的内容与实际货物相符合时，海关应当放行进出口货物，即允许将进出口货物移出海关监管区，进行销售、使用。

9. 对于经初步裁定倾销成立的进口货物，在进口货物收发货人办理海关事务担保后，且进口货物收货人所申报的内容与实际货物相符合时，海关应当放行进口货物，即允许将进口货物移出海关监管区，进行销售、使用。

10. 对于经初步裁定补贴成立的进口货物，在进口货物收发货人办理海关事务担保后，且进口货物收货人所申报的内容与实际货物相符合时，海关应当放行进口货物，即允许将进口货物移出海关监管区，进行销售、使用。

海关放行进出口货物的形式

1. 一般在进口货物提货凭证及出口货物装货凭证上加盖“中华人民

共和国×××海关放行章”，并由经办关员签注放行日期。

2. 试行“无纸通关”申报方式的海关，通过计算机将“海关放行”报文发送给进出口货物的收发货人，其自行在计算机上打印海关通知放行的凭证，凭以提取或发运货物。

海关放行进出口货物规则

海关放行进出口货物后，由海关出具货物实际进出境证明，如：

1. 进口付汇货物用报关单证明联
2. 出口收汇货物用报关单证明联
3. 出口退税货物用报关单证明联
4. 经海关签印的出口收汇核销单
5. 进口汽车、摩托车等用进口货物证明书
6. 加工贸易保税货物核销用进、出口货物报关单
7. 仓储保税货物核销用进、出口货物报关单
8. 暂时进出口货物销案用进、出口货物报关单
9. 进出境修理货物报关用进、出境货物报关单
10. 过境货物出境海关验核用的过境货物报关单（制作海关关封，海关采用“制封监管方式”继续监管。“制封监管方式”还包括对进出境展览品、暂时进出口货物、海关事务担保货物、进出口转关运输货物及过境、转运、通运等货物的监管。）

相关链接 海关制封监管方式

海关制封监管方式，是海关对进出境展览品，担保进出口货物，转关运输货物，过境、转运、通运货物以及非贸易性货物、物品的一种监管方式。即海关为了便于在后续管理和各海关之间监管工作的相互联系，将有关监管所需的单证封装在信封中，成为海关关封。海关关封由制封海关交进出口货物收发货人或其代理人自行保管，或者由转关运输货物运输企业，过境、转运、通运货物经营企业随货物交给另一个海关。

实 例

北京某单位水路运输进口硫化橡胶制分指手套，由于与海关发生商品归类争议，经海关批准，在该单位提供了足额的税款保证金后先放行货物。海关将其中的一份用于退还保证金的报关单封入关封，待海关确认税则税号后，凭关封办理货物正式进口手续，退还保证金。

第三章
集装箱货物的装卸及劳动安全

科学、合理、安全地将需要运输的货物装入和卸出集装箱，不仅是海关查验人员必须做好的工作，也是集装箱经营企业、物流公司等相关单位的工作人员在工作时必须做到的。集装箱装箱、掏箱看似简单，但如果装载、卸载不合理、不正确，就会造成货物设备损坏，甚至人身伤亡。因此，海关在保证集装箱货物海关监管场所科学性、安全性的同时，也要求除海关工作人员以外的相关人员，如集装箱经营企业的工作人员、管箱人、报关员、物流运输人员等，了解集装箱货物监管场所的基本环境、集装箱货物的装卸与劳动安全，以帮助进出口企业和国际货物运输企业顺利通关。

第一节　集装箱货物海关监管场所

集装箱货物海关监管区基本功能设计示意图

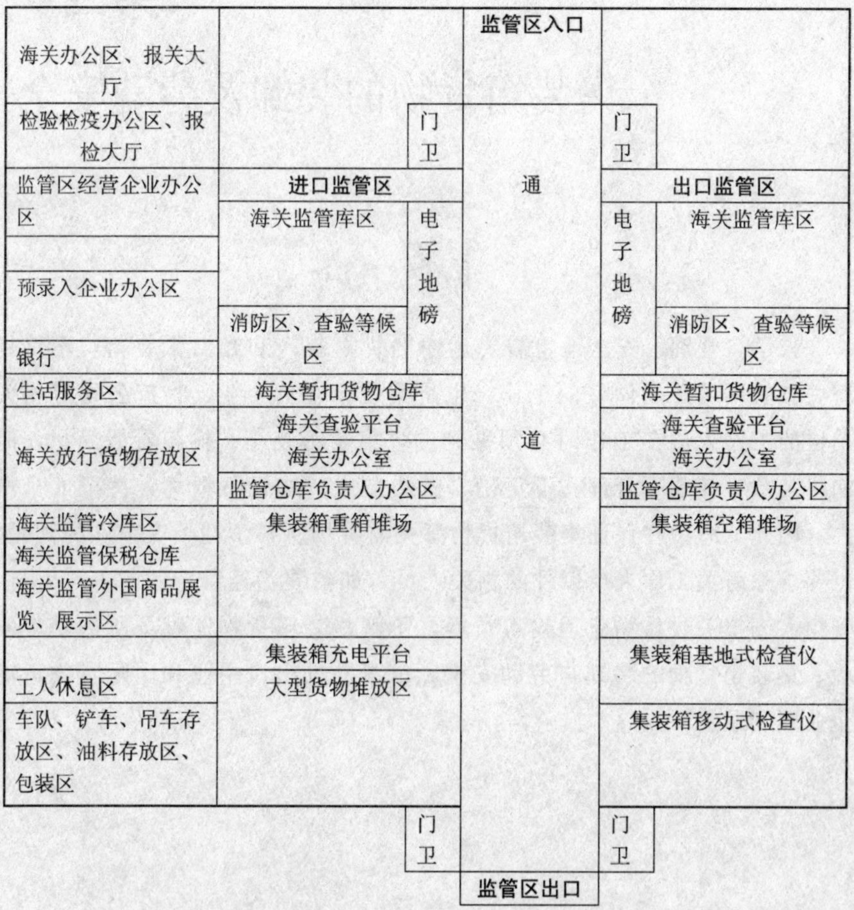

集装箱货物海关监管场所内的仓库设计

集装箱货物海关监管场所内的仓库设计，直接关系到货物和劳动人员的安全，在设计时，是在充分考虑以下各条件的基础上设立的：

1. 库房高度

为了合理利用室内空间，建议库房空间最高处大于7米。

2. 库房宽度

为了方便铲车搬运货物出入库，建议库房宽度大于20米。

3. 库房深度

为了合理利用室内货物堆放面积，方便铲车搬运货物出入库，建议库房空间最高处大于25米。

4. 库房分割方式

为了方便对库房的管理和消防安全的需要，建议库房以20米×25米为一个独立单元，每三个独立单元为一个消防单元。独立单元之间采用可视铁制栅栏隔离，消防单元之间采用水泥墙和消防卷帘门隔离。

5. 库房前区验货平台设计

(1) 库房前区验货平台的宽度

为了方便铲车掏箱和搬运货物出入库，建议验货平台的宽度应当大于8米，并且其顶部应当建有与库房相连的验货防雨棚，其宽度应当大于9.5米。

(2) 验货平台前沿

根据集装箱车辆的平板最低0.9米，最高1.4米的高度，既可以建成高度为1.2米的水泥防撞墙式，也可以建成成本较高，但使用方便的液压式平台。

(3) 此外，库外还应当建有自来水设施，以备应急清洗，同时应当建有洗手间。

6. 库内设施

仓库内要有良好的采光和照明设施，墙壁要有自然通风孔和强力通风孔，库顶要有完善的消防烟感、温感和喷淋设施，同时还应当有人工灭火器材。但是，库内的消防烟感、温感和喷淋设施应当按时检查保养，防止误喷或者不喷。

7. 建筑材料

仓库的建筑材料应当采用具有阻燃且经久耐用的钢筋水泥结构，屋面有良好的隔热和防水功能，墙面具有一定的厚度，且抗震能力应当大于8级以上。

集装箱货物海关监管场所的安全设计

集装箱货物海关监管场所的安全设计，直接关系到海关监管区的安全，是在充分考虑以下各条件的基础上设立的：

1. 围墙设计

围墙应当采用高度不低于2.2米的不可视砖或者水泥墙，上部可以同时加装滚丝铁网，其转角处可以设置瞭望角楼。

2. 消防设计

除正常进行室内外的标准消防设计外，还应当在监管区内的适当位置建立消防蓄水池和高压消防泵，以备消防自救。

3. 监控系统

为了更好地对进出口货物进行监管，更加妥善地保管海关监管货物，海关及其海关监管区经营人，应当在监管区的进、出口门头，库区内，查验平台，海关监管区最高处等安装高清晰度电视摄像头，对监管区进行24小时监控。

4. 声光报警系统

在海关监管区内、库房内、集装箱码放区、围墙四周应当安装灵敏度较高的防盗、防火、防震报警系统，并且在发生问题时，能够以警灯、声音方式报警。同时，该系统应当与地方公安系统联网。

5. 闸口管理

海关监管区进、出口必须设立电动闸门，由监管仓库经营人的保安人员负责看管，未经海关许可，海关监管货物不得出区。

6. 场区照明

为了海关晚上作业、劳动安全及保卫的需要，海关监管场地必须要有良好的高架照明装置，特别是海关验货场地和集装箱堆放场，更要加强照明。

集装箱货物海关监管场所的科技管理设计

1. 卫星定位接收系统

目前很多领域都利用卫星定位接收系统，对移动的船舶、车辆和人员进行位置确认。海关同样可以利用该系统对集装箱转关运输车辆进行实时监控，监控其是否按照海关规定的路线和时间进行转关，以防海关监管货物在转关过程中脱离海关监管，甚至走私。

2. 宽带网络

建立全国报关和信息共享系统，是时代的必然，也是海关监管必不可少的手段。除加入社会的宽带网络“高速公路”外，海关也可以建立局域网络，同时也应当与被监管对象联网。

3. 内部有线电话

为了监管工作和保密的需要，海关监管区应当建立内部的有线电话，以便以最快的速度进行工作联络，严密海关监管。

4. 无线手台

由于集装箱海关监管区的范围较大，有的甚至可以达到1.5平方公里。因此，快速、有效地信息沟通和情况汇总，不但是现代海关应当具备的功能，也是海关监管工作的重要环节。

5. 电视监控系统

海关建立能够覆盖整个监管区的可视监控系统，对外可以对海关监管货物进行有效地监管，对内可以对海关关员的行政行为和廉政表现进行监督。监控系统能够有效地观察到进出海关监管区的具体情况；可以对进入射线检查仪的集装箱进行无人管理；能够对查验平台的查验情况进行录制；对报关大厅的报关情况进行掌握。同时，监控系统所具有的全天候录像功能，使得海关监管工作更加严密。

6. 电子感应网

为了使海关监管货物更加安全，首要的问题就是安全保卫问题。有的海关监管区使用了大量的保安人员，甚至采用犬进行夜间看护，事实上偌大的监管区仅仅靠几个人，几只犬来实现监管区的安全，是有很大困难的。因此，我们完全可以在围墙上设立对于人和动物都不会造成伤害的电子感应式报警网，一旦有人准备翻墙而入，或者将海关监管货物从墙内抛出时，它会立即以声光形式报警，同时，信号会传回值班中心及地方公安联网系统。

第二节 集装箱货物装箱前的要求

合理选配集装箱

在货物装箱运输前，集装箱运输经营人必须首先了解发货人所发货物的单件重量、总重量、单件规格、总体积、包装方式、特殊运输要求等项内容，然后根据货物的实际情况和货物积载因数，正确选择集装箱的类型、集装箱的规格，以达到经济、安全、合理的运输效果。如麻袋装的红小豆积载因数为1.673，麻袋装的小麦积载因数为2.039，而块状生铁的积载因数仅为0.252～0.425。

相关链接 货物积载因数

积载因数，是指每吨货物在正常堆装时，实际所占用的空间，单位为立方米/吨。积载因数的大小说明货物的轻重程度，积载因数越大表示货物越轻。轻泡货用量尺体积进行计量，货物的量尺体积是指货物外形最大处的长、宽、高的乘积。重货的货物用货物的重量进行计量。

认真检查集装箱

经过初步选择的空集装箱到达后，不可急于装箱。集装箱场站人员，可依照国家标准GB11601—89《集装箱港站检查口检查交接标准》中的检查步骤和要求采用目测的方法检查集装箱。遇有问题应当及时与集装箱箱主联系，操作时不得将货物装入存在破损、有污染等问题的集装箱内。

1. 箱体外部检查

(1) 检查集装箱外表有无损伤、变形、凹陷、破口等异样，特别是顶部是否完整，有无破损和人为切割破坏的迹象，或者破坏后又简单修补过的迹象。

(2) 检查箱角柱、上下端梁及侧梁有无弯曲、变形、裂缝、锈蚀的现象，遇有以上情况必须修复后才能使用。

(3) 检查箱号是否与设备交接单上的记录相符，特别要着重核对该集装箱的最大载荷重量，是否符合货物载荷运输要求。

(4) 检查箱体外有无铭牌、标记脱落或模糊不清的现象，是否还贴有以前使用的危险品标志尚未处理。

2. 箱体内部检查

(1) 利用透过法，检查箱内有无漏光现象。

(2) 检查箱内的六面是否有漏水、水迹、油迹、裂缝、锈蚀的现象。

(3) 检查装过有毒有害货物的集装箱是否经过清洗、消杀处理。

3. 箱门检查

(1) 检查箱门有无变形，箱门密封件是否完好，能否开启270°。

(2) 检查箱门各附件是否齐全，是否扭断、扭曲、变形。

4. 集装箱的其他装置检查

(1) 检查集装箱的机械、电器装置的运转是否正常。

(2) 检查冷藏集装箱的冷却温度是否达到进出口文件记载的要求。

(3) 检查开顶集装箱的篷布、横杆是否齐全、完整。

核对、检查、准备装箱货物

经海关放行的货物，在装入集装箱前，应当再次核对以下内容：

1. 核对货物件数，特别是对于小件包装货物，更要认真地核实。

2. 必须检查货物及外包装状态和唛码标志，发现异常情况，如外包装损坏、货物出现渗油漏液、唛码标志不正确等现象时，不得装箱，并且应当立即与运输委托人联系，同时作好现场文字和影像记录。

案　例

某集装箱货物海关监管区的经营企业，未按照海关关于经海关放行的货物必须与未经海关放行的货物严格分开存放的要求，在理货员没有认真核对货物唛码标志的情况下，错误地将原从日本进口且海关已经放行的国家重要工程项目的电梯设备，误装入集装箱运抵美国，而真正需要运至美国的个人安家物品仍然留在国内。这起重大事故，虽没有对工程施工造成重大影响，但却产生了一些不良的国际影响。

3. 仔细核算货物的总重量，防止超载装箱的情况发生。

4. 对危险品类货物，必须反复核对、检查货物的数量和包装状态及其危险品标志是否完整。

5. 发现异常情况应立即与海关有关人员联系。

案　例

某集装箱货物海关监管区的经营企业理货员，在监装出口到韩国的废旧木制家具时，发现一只包装严密的木箱不在装箱清单之列，并且货主要求将该木箱装在集装箱的最里面。此时，理货员一面按照货主的要求指挥装箱，另一方面立即与海关联系。经过海关的查验和专家鉴定，在该木箱内共查获34件国家有关规定禁止出境的文物，其中14件为国家级重要文物。海关查实该批文物的真正货主，早在这批“货物”发出前，就先行回到韩国。我国《刑法》中规定：走私国家禁止出境的一、二、三级文物一件以上的构成文物走私罪的起刑点。这名文物走私分子采用了“金蝉脱壳”的走私手法进行文物走私。

案　例

某国《新闻周刊》记者要把个人安家物品送至美国，委托某公司为其代理报关，将货物运输出境。委托人的一句话引起了报关员的警惕，他说：“这些家具由你们公司帮助我包装，我这里有许可文物出境证明，你们包装这些文物时要小心，我先到香港办事，你们接到我的电话后，就可以把我的家具发出。”报关员看到委托人出示的许可文物出境证明清单为57件文物。既然有文物，可他为什么要我们等待他在香港的通知再发货，于是报关员立即将此情况举报给海关调查部门。在报关员接受委托人的委托向海关申报出境安家物品后，海关对其进行了彻底查验。经过查验和专家鉴定后认定：文物为187件，其中的6件为国家禁止出境的文物，特别是其中的烫蜡处理的手抄本古兰经，经过国家文物局鉴定为国家三级文物。由于该记者在中国时间较长，非常了解我国《刑法》规定的文物走私罪的起刑点，同时也知道自己的走私行为一旦败露，就会触犯我国的《刑法》，所以，同样采取“金蝉脱壳”的走私手法进行文物走私。

编排装箱货物顺序表

为了合理、安全地将货物装入集装箱，充分利用集装箱的有效容积，以便加固货物，在货物装入集装箱前，应当按所装货物的实际情况，按照货物先大后小、先重后轻、先整后散、重量均衡的顺序编排装箱表，同时安排与之相应的装卸机械和人力。

第三节　集装箱货物的装箱要求和劳动安全

集装箱场地选择

1. 集装箱货物的装箱应当选择在通风、照明良好的集装箱装卸专用平台或平坦、开阔的场地进行，并且装箱场地必须配备带有明显标志的清洁水源、消防器材和安全通道，以便在装箱时被化学品灼伤或被机械损伤后，可以及时进行应急清洗和避险。

2. 在有可能的情况下，将集装箱箱门对准风向，这样可以防止集装箱箱门在装箱时被风吹自动关闭，发生货物、人身意外损害。当自然阵风风力在6级以上时，应当停止装箱作业。必须作业时，应当将集装箱门固定牢。

货物的码放

1. 件货多层码放时，应当将重量较大的货物码放在最底层，轻货码放在最高层。同时，要根据货物外包装材料的具体情况和货物的重量，决定货物码放的层数。

2. 件货码放的位置，应当充分考虑该货物与其他货物在集装箱内的占位，以达到箱内各部位货物重量相对均衡的目的。

3. 为了减少货物装箱时与集装箱箱壁产生的摩擦而损坏货物的情况发生，同时也为了后道加固工序的顺利完成，装入集装箱的件货，上下左右必须留有适当空隙。货物与箱壁之间及货物与货物之间的空隙，应当选用清洁隔板隔垫填充，如泡沫塑料、聚丙烯板、发泡塑料布、瓦楞纸板等，以防止货物与箱壁间的碰撞。

4. 对于特殊货物，如汽车、电缆、卷状钢板、机器设备等，装箱后必须采用合理的方式对其进行与箱体的加固，如三角木、支架、钢缆等，以防止货物在吊装、运输过程中出现滑动现象，损害货物。

5. 在关闭集装箱箱门前，应当检查门口的货物是否超出了箱门。超出时，应当重新码放货物，切不可强行关闭箱门，损坏货物。

工人的劳动安全

1. 由于集装箱是在全球反复使用的运输工具，且箱内所装过的货物十分复杂，以及在海上、陆路的运输时间较长，加之环境温度、湿度的影响，箱内，尤其是 40 英尺封闭式集装箱的箱内，可能会产生大量的有毒有害气体。为了防止箱内存留的有害气体和残留物对装箱工人造成身体伤害，在进入集装箱装货前，应当遵循“先通后进”的规则，即先对集装箱进行自然或者人工方式通风处理后，再装箱。

2. 为了保护货物不受污染，保证装箱工人的身体健康，集装箱铲车应当采用以电瓶为动力的电动铲车，停止使用以柴油为动力的铲车。

3. 集装箱货物的装卸工人，在进入集装箱前必须配备完整的劳动保护用品，如安全帽、面罩、眼镜，一般或专用防尘、防毒口罩，一般或专用手套，一般或专用工作服装、工作帽等。

4. 货物采用电动铲车装箱时，铲车前不得有工人存在，装卸工人更不得与货物同时站立在铲车的铲臂上。

第四节 集装箱货物的掏箱要求和劳动安全

掏箱前的注意事项

1. 掏箱的场地选择和劳动安全要求与装箱基本相同。集装箱货物运输经营人，根据货物装箱清单的具体情况，准备相应的机械设备、工具、人力和货物临时堆放的场地。

2. 海关查验人员、掏箱工人应当站在距离集装箱 2.5 米以外的上风口位置，等待开箱。以防止被集装箱门口的货物，特别是玻璃、大理石类货物等滚落时砸伤身体，同时也可以防止箱内的有害气体以及口岸检验检疫部门对其内部实施的消杀药剂的残留侵害。

实　例

某单位的报关员在陪同海关查验人员查验进口的玻璃板时，站在了距离集装箱门较近的地方。由于箱内靠近箱门的包装箱在运输途中破损，在箱门开启的瞬间，破碎的玻璃板从门缝滑出，险些划伤报关员的面部，但腿部被划伤。由此可见，严格按照规则操作是非常重要的。

3. 掏箱前，应当首先检查集装箱外表有无损伤、变形、凹陷、破口、裂缝、锈蚀等现象，特别是顶部是否完整，有无破损和人为破坏迹象。

实　例

北京某国际货运代理公司，代理北京某中美合资企业从水路进口由集装箱运输的一批低压电器零部件，集装箱转关至北京海关驻朝阳口岸办事处办理报关手续。在海关准备查验该批货物时，报关员并没有对集装箱的外观进行检查，而是直接掏箱验货。在空集装箱退还集装箱公司时，集装箱公司认为集装箱的侧壁有被撞的凹痕，集装箱的承租人应当付给集装箱公司该破损箱的修理费。由于集装箱已经掏空，此时的报关员已经没有证据表明集装箱的破损是发生在装箱环节、海上运输环节、吊装环节、转关运输环节还是掏箱环节，所以只能自认倒霉。

案　例

某单位在核对进口的电视机时，发现缺少6台，收货人认为是发货人漏发货，后经反复核对，发货人并没有漏发货，再经仔细检查集装箱，才发现集装箱的顶部有被切割后又精心修复的迹象，显然电视机是从集装箱顶部被盗走的。

掏箱时的注意事项

1. 得到海关批准后，箱门开启时应做到一“慢”、二“听”、三“快”、四“停”，具体如下：

（1）一“慢”，因为集装箱内的货物经过长途运输后，很难再保持装箱后的原始状态，货物可能出现位移、塌垛、加固失效的现象。因此，集装箱箱门开启时，开箱工人应当先用肩部顶住集装箱箱门后，再将其慢慢开启。

实　例

某单位的报关员，在陪同海关查验人员在验货平台查验进口的纸箱装服装辅料时，因急于抽样验货，在箱门刚刚开启半扇时就立即去搬纸箱。正在这时，箱内靠近箱门的纸箱突然塌垛，纸箱从垛顶滑下，砸在报关员头部，好在货物是纸箱包装又是轻货。否则，后果难以设想。

（2）二“听”，当集装箱箱门被慢慢开启时，应该静听集装箱内部是否有异响，当听到箱内发出异响时，必须立即停止开门。

（3）三“快”，当听到箱内发出异响后，必须快速地将集装箱门关闭，负责开箱门的工人应迅速离开。

(4) 四“停”，集装箱箱门开启后，必须将其完全停止在270°位置上，以防掏箱时箱门突然关闭，造成人员伤亡。特别是在天气变化无常的夏季和多风的冬、春季更应当注意这一点。

实 例

某集装箱货物海关监管区的掏箱工人，在一个看似天气较好的冬天下午进行掏箱作业。由于集装箱箱门正对东南方向，一阵强烈的西北风突然刮来，将仅仅开启180°的集装箱箱门瞬间推动，所幸掏箱工人躲避及时，箱门只是击中肩膀，没有伤到头部。

2. 箱门开启后，海关查验人员和掏箱人员先不要靠近集装箱箱门，应当在原地仔细观察箱内货物的码放、加固情况。没有发现异常时，在条件允许的情况下，对集装箱进行自然通风处理，然后再进行卸货作业；出现异常情况时，切不可盲目卸货，集装箱货物运输经营人一方面要及时通知收货人，另一方面要照相取证，以便对其进行索赔。另外，集装箱货物在起运国装箱时，同样会受到天气、环境，甚至动物、植物的影响。因此，在进口的集装箱货物，特别是旧、废货物中，出现污水、蚊子、苍蝇、蟑螂、老鼠的现象，时有发生，虽然经过口岸卫生防疫部门进行消杀处理，仍难彻底消除。因此，在集装箱掏箱前，除应当注意货物的运输状态外，还应当注意货物的卫生状况，发现异常情况时，应当立即与有关部门联系处理。

实 例

某单位的报关员在陪同海关查验人员查验进口的航空食品时，发现集装箱中部的矿泉水、罐头食品、纸杯、餐盘纸箱部分均压扁且已经渗水、渗液。此时，报关员与海关协商暂停验货，并且立即照相取证，同时及时与运输部门、收货人联系，制订解决方案。

3. 根据海关要求，需要先将集装箱深部的货物掏出箱时，掏箱工人应当根据货物包装的实际情况（如纸箱、塑料桶、纸板桶等），待在货物上面铺好垫板后，再进入集装箱。

实 例

海关进行抽验集装箱内的货物时，要求将集装箱最里面的货物取出。某海关监管区的掏箱工人没有按照操作规程的要求，在货物上面铺好垫板后再进入集装箱，而是直接踏着纸箱跑进集装箱，就在快要到达集装箱底部时，右脚突然将纸箱踩破，脚陷入箱内，所幸的是纸箱内是制作口香糖的原料，才没有造成人身伤害。至于那 18 千克的口香糖原料，除了留下的阵阵草莓香味外，别无他用。

4. 对于较重的货物需要牵引出集装箱时，货物与牵引设备之间的钢丝绳、尼龙绳附近，绝对不能有人和其他货物存在。

实 例

某海关监管区的工人在掏箱作业时，由于货物较高，铲车无法将木箱包装的货物铲运出集装箱，而后决定用铲车拖拉的方式，将货物拉出集装箱。掏箱工人套好尼龙牵引带后，仍然留在集装箱内，准备在拉箱时，用撬杠调整木箱方向，配合拉箱。然而，由于木箱的每个边都使用钢带进行加固，掏箱工人和铲车司机也没有了解货物的重量，就在拉动货物的瞬间，锋利的钢带割断了尼龙牵引带，断裂的牵引带在强大的惯性作用下，抽向了还在集装箱内工人的腿部，顿时鲜血流出，所幸没有伤及骨头。

掏箱后的注意事项

掏箱后的货物，必须在规定的范围内按序码放，同时要注意码放要牢固，不能有晃动产生，并且将唛码标志向外，以便海关查验。

实 例

某集装箱货物海关监管区的工人在掏箱时，没有将掏出的货物，按照货物码放要求进行码放，而是将纸箱包装的来料加工的电子表零部件随意地码放在空闲的托盘上。当码放到第五层时，纸箱突然倒塌，造成箱内的货物部分损坏，海关监管区的经营人对此进行了赔偿。

第五节　集装箱货物的搬移要求和劳动安全

集装箱货物掏箱后，根据《海关法》的有关规定，海关查验货物时，进出口货物收发货人应当到场，并负责搬移货物，开拆和重封货物的包装。无论是在海关监管区内的专用集装箱卸货平台，还是在监管区外的非专业平台上搬移货物，工人的劳动安全和货物的安全都必须有所保障。

货物搬移应当注意的问题

为能够保证工人的劳动安全和货物安全，对于集装箱货物，无论是采用机械方式搬移，还是采用人工方式搬移，都必须做到一“看”、二“问”、三“轻”、四“放”，具体如下：

1. 一“看”，在准备搬移货物前，必须认真观察货物的情况，不要急于搬动货物。“看”主要包括以下内容：

（1）一看货物外包装有无危险品货物标志、特殊运输标志，如防震、防倾斜、吊装点标志。

（2）二看货物外包装是否完整，是否有污染，唛码标志是否有涂改痕迹。

（3）三看货物的包装方式和体积。

2. 二“问”，在准备搬移货物前，必须向收货人了解货物的情况。“问”主要包括以下内容：

（1）一问货物是否属于精密仪器仪表、玻璃制品、陶瓷制品、文物、濒危野生动植物标本等精密、易碎、珍贵商品。

（2）二问货物是否有特殊的水平搬移要求。

（3）三问货物是否需要避光或者防止直接光照。

3. 三“轻”，在货物的搬移过程中，必须根据货物的情况，做到轻搬、轻移、轻放。“轻”主要包括以下内容：

（1）一轻，无论是采用机械方式搬移，还是采用人工方式搬移，都必须轻轻抬起货物。

（2）二轻，货物采用机械方式搬移时，铲车应当轻轻移动。

（3）三轻，无论是采用机械方式搬移，还是采用人工方式搬移，都应当轻轻放下，尤其是采用机械方式搬移时，液压式或链条式的车铲，必须轻轻放下。

实　例

某对外贸易运输企业的铲车在掏箱作业时，由于车铲下落过快，使斯诺克台球桌用台面的石板中间断裂，造成几万美元的损失。

实　例

某海关监管货物运输企业，在掏箱作业时，由于没有做到轻搬轻放，在搬移的过程中，使国家重点科研单位进口的大型计算机出现较大的震动，木制包装箱外部的防震标志显示出货物震动过大的信息。最终，收货人拒绝接受该批货物。

4. 三“放”，货物搬移到海关指定的位置后，为了海关开箱查验方便和货物安全及二次搬运的便利，货物应当按下列要求摆放：

（1）一放，货物必须根据码放要求，整齐平放。

（2）二放，同样包装的件货码放要稳定，同时应当将唛码标志向外码放。

（3）三放，为了货物安全，应当根据货物的保管要求，将货物放到干燥、防晒、防雨、避风的地方。

相关链接

不得将易于气化的氯气瓶存放在露天环境，而应当存放在低温库内；不得将固化膨胀系数为3.1%的金属镓，存放在温度过低处。

货物的人工搬移和劳动安全

集装箱运输货物掏箱后，大部分的件货，包括托盘都是采用铲车搬移到海关指定的库位。但是，对于一些小件货物，纺织面料等仍然会利用人力搬移。在人力搬移时，应当注意以下问题：

1. 在没有进入集装箱前，应当注意观察集装箱与货物堆放区之间的路面情况，遇有杂物，必须立即清理干净，不应在有杂物的路面上搬移货物。

2. 观察掏箱环境，注意风向，注意安全通道、清洁水源的位置，以便在出现紧急情况时，进行应急自救。

3. 按规定配穿工作服、安全帽、手套、口罩、眼镜等，穿工作服时要系好扣，系紧鞋带。

4. 在搬起货物时，应当先试再搬，即先试货物的重量后，再将货物搬起，以防扭伤身体和摔坏货物。

5. 在货物搬移过程中脚步要稳，禁忌小跑。

6. 在使用手动液压铲搬移货物时，必须注意货物外包装允许的起重点，并且平稳起重，行进过程中要缓慢，旁边要有人保护，必要时要进行临时加固。

7. 货物到达指定地点后，要将货物轻轻放下，并用手试验货物是否放稳。货物需要层码时，不得以货物为垫蹋物，同时必须按规定层数码放，将货物放稳、放平、放牢。

货物的动力机械搬移和劳动安全

集装箱货物的搬移分为整箱搬移和掏箱搬移两个环节。集装箱货物整箱（简称为“重箱”）搬移的目的，是将海关要进行查验的重箱，从集装箱重箱堆场运到海关查验区，以便海关进行开箱查验。重箱搬移必须采用集装箱专用的搬运设备完成，而掏箱搬移既可以采用动力机械方式，也可以采用人工方式。下面简单介绍几种常见的集装箱搬移设备及使用时应当注意的问题。

1. 轨道式集装箱龙门吊

轨道式集装箱龙门吊，是港口、物流中心、集装箱场站使用最多的吊装设备。其吊机的下部设有行走自如的轨道机轮，支架为水平龙门式，吊具为标准集装箱式或其他方式。轨道式集装箱龙门吊的吊装十分平稳，即使是在风力较大的情况下也能安全运行，有起重载荷较大、维修方便等优点。缺点是集装箱只能按轨迹运行，因此不灵活，同时受支架长度的限制，集装箱不能多层码放。使用时应当注意以下问题：

（1）操作前，除正常对整体设备进行检查外，应当注重检查运行轨道上及轨道旁是否有杂物、动物等，发现问题应当及时处理，在没有完全处理前，不得盲目开机作业。

（2）在集装箱吊运前，必须在吊架落地后进行检查、保养，以保证吊架能够可靠地抓牢集装箱。

（3）吊装作业时，应当随时注意集装箱和作业区的情况，轨道及龙门吊底下不得站人，发现有人进入作业区时，必须立即停止作业。

（4）集装箱起吊时应当“先试再吊”，即先试吊架与集装箱是否抓牢，然后再平稳起吊。

（5）吊起集装箱后，龙门吊应当平稳移动，防止集装箱摆动，保证货物安全。

（6）到达集装箱指定堆放区后，要缓慢落地。

2. 轮胎式集装箱龙门吊

轮胎式集装箱龙门吊，是集装箱场站使用最多的吊装设备。外形结构与轨道式集装箱龙门吊基本相同，支架为水平龙门式，吊具主要有固定式和伸缩式两种。固定式吊具适用于 20 英尺、30 英尺和 40 英尺集装箱。后两种集装箱也可采用组合式吊具，即在 20 英尺吊具下面再吊装一个 30 英尺或 40 英尺的吊具。集装箱吊具吊架的四角各有一个转锁，在吊装时 4 个转锁应同时插入集装箱顶部的 4 个长方孔内，通过拉杆同时转动 4 个转锁锁住集装箱。不同的是该吊机的下部设有两排行走自如的专用橡胶轮胎。

吊装时，将龙门吊移向集装箱，集装箱处于龙门吊的胯间，然后利用吊具将集装箱吊起，并利用吊机自身的动力，搬移集装箱，鸟瞰像一支大蜈蚣。轮胎式集装箱龙门吊具有可以随意吊装、搬移集装箱，相对平稳，在一定的风力下安全运行等优点。缺点是由于受轮胎的限制，起重载荷比轨道龙门吊小，并且由于该设备体积较大，因此，装卸集装箱所需要的场地空间较大，且吊装速度较慢，同时受支架长度的限制，集装箱也不能多层码放。

轮胎式集装箱龙门吊使用时应当注意以下问题：

（1）吊机在使用前，除正常对整体设备进行常规检查外，还应当着重检查吊装运行区域是否有杂物，特别要注意是否有玻璃、铁钉、铁角、带有铁钉的包装木板、尖锐石子等利物，遇有问题应当及时处理，在没有完全处理干净前，不得盲目开动吊机，以防止吊机轮胎损坏。

（2）吊机跨入集装箱时，必须集中注意力，防止吊机与集装箱碰撞的事故发生。

（3）吊装作业时，龙门吊底下不得有人，发现有人时，必须立即停止作业。

（4）集装箱起吊时，应当“先试再吊”，即先试吊架与集装箱是否抓牢，然后再平稳起吊。

（5）吊起集装箱后，龙门吊应当缓慢平稳移动，选择平坦路面运行，减少集装箱摆动，保证货物安全。

（6）到达集装箱指定堆放区后，要平稳缓慢落地。

3. 轮胎式集装箱吊机

轮胎式集装箱吊机，俗称“大抓”，是集装箱场站普遍使用的吊装设备。外形结构与轮胎式液压单臂吊车类似，吊臂长度、角度依靠液压进行调整，吊臂前端装有标准集装箱吊架。吊装时，将吊机移向集装箱，然后利用吊架将集装箱吊起，并利用吊机自身的动力，搬移集装箱。轮胎式集装箱吊机具有吊装灵活、可以随意搬移集装箱的最大优点，并且具有可以依据吊臂的长度，多层码放集装箱的独特优点。缺点是由于受轮胎的限制，起重载荷比轨道龙门吊、轮胎龙门吊小，并且由于该设备的结构特点，在较重的集装箱吊起搬移时，特别是在有风或者场地不平的情况下，由于配重问题，吊机和集装箱容易发生晃动，这种晃动非常不利于吊机作业和集装箱内货物的安全。因此，轮胎式集装箱吊机使用时应当注意以下问题：

（1）在吊机使用前，除对整体设备进行常规检查外，还应当着重检查吊臂的液压状态，防止集装箱吊装作业时吊臂滑脱。

（2）吊装作业区应当平坦、干净，不得有玻璃、铁钉、铁角、带有铁钉的包装木板、尖锐石子等利物存在，发现杂物应当及时清理，在没有完全处理干净前，不得盲目开动吊机，以防吊机轮胎损坏。

（3）吊架扣入集装箱吊装孔时，必须集中注意力，防止吊机与集装箱碰撞的事故发生。

（4）吊装作业时，吊臂底下及吊机周围不得有人，发现有人时，必须立即停止作业。

（5）集装箱起吊时应当“先试再吊”，即先试吊架与集装箱是否抓牢，再试集装箱的大概重量，出现吊机前倾时，应当立即停止吊装作业，并且检查轮胎气压及核对集装箱的总重量，绝对不允许超载吊装。

（6）吊起集装箱后，特别是较重的集装箱后，应当缓慢平稳移动吊机，尽量减少吊臂晃动，保持集装箱平稳，保证货物安全。

（7）吊机到达集装箱指定堆放区后，要平稳缓慢落箱。

4. 液压单臂式普通吊机

液压单臂式普通吊机，是最为常见的依靠轮胎移动，固定吊装作业的吊机，俗称“吊车”，是海关集装箱监管区使用的一种临时吊装设备，常见的有载荷20吨、40吨和50吨的三种吊机。该吊机外形结构与轮胎式集装箱吊机类似，其吊臂长度、角度完全依靠液压进行调整，吊臂前端装有滑轮、钢缆和吊钩。吊装时将吊机移向集装箱，并且用四个自带的液压地脚将吊车悬离地面，然后主吊钩将已经钩在集装箱起吊孔、并系在钢缆上的吊缆吊起，吊臂旋转后，将集装箱放在指定地点。该吊机在吊装集装箱时，无法与其他集装箱专用吊机相比，只能将其看做一种辅助吊装设备。由于该吊机是采用钢缆的吊装方式，吊装环境稍有风吹，集装箱在空中就会晃动，所以非常不利于箱内货物的安全。因此，液压单臂式普通吊机使用时应当注意以下问题：

(1) 吊机在使用前，除对整体设备进行常规检查外，还应当着重检查吊臂的液压状态，吊钩的固定状态和钢缆的使用状态，防止集装箱在吊装作业过程中发生吊臂卸压、吊钩脱缆、钢缆断裂等事故。

(2) 吊装作业区上空不得有任何电缆、电线，特别是高压电线。

(3) 吊装作业区应当平坦、干净，不得有玻璃、铁钉、铁角、带有铁钉的包装木板、尖锐石子等利物存在，发现杂物应当及时清理，以防吊机轮胎损坏。

(4) 吊机在起吊前，必须将液压固定地脚固定牢靠，必要时加垫垫木。

(5) 集装箱挂钩后，应当先试吊，即先试吊钩与集装箱是否钩牢，钢缆拉紧后，挂钩工人应立即离开集装箱，再启动吊机进行吊装。

(6) 吊装作业时，吊臂底下、集装箱上及吊机周围不得有人，发现有人时，必须立即停止作业。

(7) 吊起集装箱后，特别是较重的集装箱后，应当缓慢平稳移动吊机旋转臂，尽量减少钢缆晃动，必要时可以在地面增加人工辅助纤绳，以保持集装箱平稳，保证货物安全。

5. 液压重型铲车

液压重型铲车，是最为常见的依靠轮胎移动，搬移集装箱的机械工具，俗称“大叉”，是海关集装箱监管区使用的一种常用轻箱、空箱的搬移设备，常见的有载荷为10吨、5吨的铲车。该铲车结构与其他轮胎液压铲车完全相同，铲臂依靠液压在支架上升降移动，以便调整集装箱与地面之间的距离。集装箱靠铲臂托起，利用铲车自身的动力，搬移集装箱。该铲车在搬移集装箱时，弥补了轨道式集装箱龙门吊、液压单臂式普通吊机仅能固定吊装集装箱的不足，轮胎式集装箱龙门吊笨拙的不足以及轮胎式集装箱吊机挂箱不便的不足，以轻便、灵活、安全（集装箱距离地面较低）的优点，一直被广泛用于集装箱轻箱、空箱的搬移和装、卸车。

液压重型铲车使用时应当注意以下问题：

(1) 铲车在使用前，除正常对整体设备进行常规检查外，还应当着重检查铲臂的液压状态，防止铲车在作业时发生滑臂事故。

(2) 铲车作业区应当平坦、干净，不得有玻璃、铁钉、铁角、带有铁钉的包装木板、尖锐石子等利物存在，发现杂物应当及时清理，以防铲车轮胎损坏。

(3) 铲臂叉入集装箱装卸点后，应当先试起铲臂，出现铲车前倾时，应当立即停止作业，并且检查轮胎气压及核对集装箱的总重量。

(4) 铲车作业时，铲车周围不得有人，发现有人时，必须立即停止作业。

(5) 铲起集装箱后，应当缓慢平稳地移动铲车，到达集装箱指定地点后，应当缓慢落下铲臂，放稳集装箱。

6. 小型集装箱铲车

小型集装箱铲车，主要是指以柴油、电瓶为动力的载荷为1.5吨、1吨的铲车，俗称“小叉”。该铲车的基本结构与液压重型铲车相同，只是铲臂升降分为液压式和链条式，其他完全相同。该铲车是海关集装箱监管区常用的装、掏箱设备。铲车依靠铲臂托起货物，利用铲车自身的动力搬移货物，从而弥补了人力装掏箱速度、力量的不足。小型集装箱铲车使用时应当注意以下问题：

(1) 铲车在使用前，除正常对整体设备进行常规检查外，还应当着重检查铲臂的液压、链条状态，防止铲车在作业时发生滑臂事故。

(2) 铲车作业区应当平坦、干净，不得有玻璃、铁钉、铁角、带有铁钉的包装木板、尖锐石子等利物存在，发现杂物应当及时清理，以防铲车轮胎损坏。

(3) 铲臂叉入货物装卸点后，应当先试起铲臂，出现铲车前倾时，应当立即停止作业，并且检查轮胎气压及核对货物重量，禁止超负荷作业，不得利用人体进行配重作业。

(4) 铲车作业时，铲车周围、铲臂上不得有人，发现有人时，必须立即停止作业。

(5) 货物铲起后，应当缓慢平稳地移动铲车，货物到达指定地点后，应当缓慢落下铲臂，放稳货物，将货物按要求码放整齐。

(6) 集装箱货物装、卸应当尽量采用以电瓶为动力的电动铲车，特别是装卸 40 英尺集装箱时，为了保障操作工人的身体健康，禁用以柴油为动力的铲车。

第六节　集装箱货物包装的开拆要求与劳动安全

海关要求对开拆货物的包装进行查验时，进出口货物收发货人负有开拆和重封货物包装的责任。需要开拆的货物包装，不仅是指货物的外包装，同时还包括货物的内包装，货物包装开拆的程度应当以海关能够见到的实际货物为准。开拆货物的包装看似一项简单的工作，历来不被人重视，但是，由于开拆货物包装的目的并不是野蛮地毁掉货物的包装，更不是为了降低货物的整体价值，而是为了待海关查验完毕后能够复原货物的包装。因此，针对进出口货物的多种包装形式和包装物内的货物品种复杂的特点，集装箱货物包装的开拆应当做到：合理选择开拆的地点拆箱，按货物特性拆箱，使用适当的工具拆箱，完整地拆箱，拆箱后能够复原包装地拆箱。

开拆包装前的准备工作

1. “知己知彼，百战不殆”，开拆包装前的首要工作是必须了解包装物内货物的特性，如是否属于易燃、易爆、易腐蚀的危险品，是防震、防击打、防倾斜的玻璃制品、陶瓷制品、大理石制品、花岗岩制品、珍贵文物、精密仪器、光学仪器、医疗器械，还是带有放射性、强磁性的特殊货物，或需要防尘、避光、低温保管的货物。

2. 根据所了解到的货物特性，准备与之相适应的开拆工具，并且选择较好的开拆环境。如货物属于需要防尘、避光类货物，应当选择在监管库的室内开拆；如货物属于低温保管类货物，应当选择在监管区的低温库内开拆；如货物带有强磁性，不应当选择在监管区开拆，而应当在收货人所在地的特殊场所内开拆；对于一般货物的开拆地点，也应当选择在监管区的验货平台或者监管库内，以减少粉尘、风沙、光线、雨水、冰雪、强风等对货物的直接损害。

3. 无论是在室内或室外进行开拆包装，还是在海关查验平台开拆包装，清洁开拆环境同样是一项开拆包装前的必要工作，也是保证劳动安全的一项基本工作。开拆地点的地面必须清扫干净，周围不得存有能够引起开拆人员绊倒摔伤的货物捆扎物，如铁丝、铁条、绳索、塑料带等；能够碰伤开拆人员的废包装箱、废铁板等；能够灼伤开拆人员的化学品；能够扎伤开箱人员的铁钉、玻璃、利器等。

4. 劳动安全的一项重要内容是自我保护和自救。因此在开拆包装前，特别是在一个陌生环境开拆包装前，应当首先了解开拆环境，主要了解的内容包括清洁水源、水池所在位置，安全通道所在位置，灭火器所在位置等，以便在发生意外时自救和逃生。另外，不要选择在高压线下，输变电变压器和电源控制箱旁边开拆包装，更不得在易燃、易爆的储存柜旁边开拆包装，如汽油储存柜、柴油储存柜、民用煤油储存柜、航空煤油储存柜、液碱储存柜、石油液化气储存柜、氢气储存柜、煤气储存柜、乙炔气储存柜、氯气储存柜等。

5. 海关监管区经营企业负责安全的人员，应当根据货物实际情况，在开拆包装前提醒、检查开箱工人的劳动保护情况：

(1) 常规检查：安全帽是否佩戴，工作服扣子是否系好，手套是否佩戴，鞋带是否系好，劳动保护鞋是否为企业配发的防滑、防扎、防刮碰鞋；

（2）特殊检查：货物为酸、碱类化学品时，企业负责安全的人员必须检查开拆工人的特殊劳动保护用具是否佩戴齐全，如能够防酸、碱的工作服、工作帽、面罩、眼镜、手套、鞋靴等。

常用开拆包装工具与使用

1. 起钉器

起钉器，外形类似手动的榔头。起钉器的前端与榔头相同，带有羊角开口，用于起出包装箱的普通钉子。起钉器的柄由两部分组成，一部分是与前端连接固定的杆，另外一部分是包围在杆外的活套。使用时用力上下滑动活套，冲击钉子帽周围的木板，使榔头的开口进入钉子帽的底部，然后拔出钉子。起钉器在使用时应当注意活套滑动时不要夹伤手。

2. 撬棍

撬棍，也称撬杠，其采用优质螺纹钢、六棱钢制作。撬棍分为直头形和弯头形两种，直头形和弯头形一边均为扁平形，以便插入包装箱缝隙。不同的是直头形的另一边制成为了方便使用的圆形，弯头形的另一边似问号并且带有开口，可以用来起出钉子。撬棍的长度没有标准，多为45厘米、60厘米、80厘米、120厘米、150厘米长。撬棍在使用时应当注意不要使用蛮劲，防止撬棍飞起或者撬空，砸伤、扭伤自己或其他人员。

3. 大力剪

大力剪，也称大力钳，其采用优质钢制作。前端有类似剪刀的高强度刃口，后端是长度为80厘米的高强度剪把，在剪把的末端还配有具有绝缘性能的橡胶套。大力剪主要用于剪开集装箱的封锁和包装箱的加固带。由于大力剪自身的重量较大，在使用时应当采用双手操作，在剪开加固带时，尤其是贱金属制作的加固带时，必须注意加固带在剪断时的瞬间弹起，防止划伤身体或面部。

4. 扳手

扳手，也称扳子，包括各种规格的开口呆扳手、梅花呆扳手、呆套筒扳手、活动扳手及活套筒扳手。扳手主要用于开启以螺栓方式加固的包装箱。活动扳手在使用时应当注意扳手的开口要适当，尤其在开拆高箱时更应当注意，以防止扭动扳手时滑脱，扭伤自己或砸伤他人。

5. 螺丝刀

螺丝刀，也称改锥，包括各种规格的塑料柄、优质木柄且前端为“一”字形、“十”字形的螺丝刀。螺丝刀主要用于开启以圆头螺钉、平头螺钉方式加固的包装箱。螺丝刀在使用时应当注意根据螺钉开口的大小，选择适当的螺丝刀旋扭，旋扭时用力要适当，尤其在开拆高箱时更应当注意，以防止螺丝刀滑脱，砸伤自己和他人。

6. 开箱刀

开箱刀，是可以更换、减短刀片的小型手工刃具，主要用于割断封箱不干胶带和塑料包装物。开箱刀在使用时，应当用手控制深入包装箱的深度不要超过 3 毫米，以防刀片割坏箱内的货物，同时要防止刀片划伤自己和他人。

实　例

某海关监管区经营企业的工人，在配合海关查验时，由于没有了解货物的情况，在使用开箱刀划开印刷机外面的防潮塑料布时，由于用力过猛，除将印刷机表面划伤外，还将橡胶制的色辊破坏。

7. 榔头

榔头，也称羊角锤。锤头的一边为圆或方形平面，用于敲击东西，另外一面为弯形并有类似羊角的开口，用于起出钉子。锤柄为金属或木制，使用时应当注意锤头与锤柄的连接是否牢固，起钉时不可用力过猛，尤其在开拆高箱时更应当注意，以防扭伤、砸伤事故发生。

8. 平口钳

平口钳，也称老虎钳，其采用优质钢制作。前端为平头并有类似剪刀的高强度剪口，后端钳把套有能够起到防滑和绝缘作用的塑料或橡胶套。平口钳主要用于剪断较细的用于捆扎的金属丝及细的尼龙捆扎带。在使用时，不得用平口钳剪断钢带，同时在剪断钢丝时，应当注意被剪断的钢丝弹起的瞬间，可能会划伤身体或面部。

实 例

某海关监管区经营企业的年轻工人，在配合海关查验时，未按照操作要求使用大力剪剪断包装箱外部的钢片加固带，而是争强好胜地用平口钳带有表演味道地剪断了加固带，伴随着加固带被剪开的声音，锋利的剪口似飞剑般地划在工人的面部，幸好没有伤及眼睛，但下颚被缝合3针。

9. 钳工手锯

钳工手锯，也称手锯，其采用优质钢制作。使用时不得用力过猛，左右摇晃，尤其在开拆高箱时，更应当随时注意锯条情况，防止断裂时划伤身体或面部和伤害他人。

10. 人字梯

人字梯，也称梯子，其采用优质木材或铝合金制作。使用时必须摆放平稳，不得用力蹬踏，左右摇晃，防止摔伤身体。

11. 有机面罩

有机面罩，其采用优质塑料制作，具有很高的透明度和一定的抗击能力，供开拆化学品时保护面部。

12. 防护眼镜

防护眼镜，其采用优质塑料制作，具有很高的透明度和一定的抗击能力，供开拆化学品时保护眼部。

13. 橡胶手套

橡胶手套，其采用优质橡胶制作，具有耐酸、碱性，供开拆化学品时保护手臂。

14. 强光手电

强光手电，用于必要时照明。

15. 不锈钢托盘

不锈钢托盘，用于临时存放拆卸下的螺栓、螺钉、垫片、钉子等。

16. 清洁木板、聚丙烯板及化纤软垫

清洁木板、聚丙烯板及化纤软垫，用于临时摆放掏箱货物，作为海关临时货物查验台。

17. 数码相机

数码相机，用于开箱后出现异常情况时记录、取证。

18. 急救包

急救包，内装止血带、外用止血药、硝酸甘油、十滴水、灌装氧气等，用于开箱现场临时急救。

主要包装方式的开拆方法与劳动安全

1. 木箱的开拆方式与劳动安全

木制包装箱，包括木板箱、木条箱、木框箱和木夹板箱，是集装箱件货最常见到的包装方式，因此也是开拆包装的主要对象。在开拆木制包装箱时，应当按以下要求完成：

（1）清除开箱场地杂物，将准备使用的工具、物品摆放整齐。

（2）了解箱内货物情况，是否属于危险品、易碎品、精密仪器、珍贵物品，配备相关的劳动保护用具。

（3）观察木箱的外部情况有无破损、油污、漏液现象，若出现前述现象时，应当暂停开拆，照相取证后，等待开拆通知。

（4）观察木箱的包装结构，外部是否有加固带，并找到关键的钉子或螺栓的部位。有加固带的应当先用起钉器或扳手拆除，然后按照先顶盖后四周的顺序拆箱。拆箱时应当先起掉关键的钉子或螺栓，再全面拆箱。

（5）木箱顶部较高时，必须蹬梯作业，不允许人直接爬到箱子顶部，站在箱顶开箱，以防踩坏包装，损坏货物，甚至造成人身伤害。当蹬梯作业时，在包装箱的周围不得留有与拆箱无关的人员，以防止砸伤事故发生。

（6）遇有采用普通钉或者螺旋钉钉装的木箱时，不得使用撬棍直接橇开箱盖和侧板，而应当先使用起钉器将上盖的钉子全部拔出后，再掀起上盖，起出的钉子暂放在不锈钢托盘中备用，包装箱上盖放在安全处备用。包装箱上盖拆除后，在保证包装箱箱板完整的前提下，可以根据情况使用撬棍继续拆箱，但是拆下的带有钉子的包装板，必须立放在安全的地方备用，切不可平放，以防扎伤脚部。

（7）遇有采用螺栓钉装的木箱时，不得使用撬棍直接橇开箱盖和侧板，而应当先使用扳手将上盖的螺栓全部拆卸后，再掀起上盖，拆卸的螺栓、螺母、垫片暂放在不锈钢托盘中备用，包装箱上盖放在安全处备用。包装箱上盖拆除后，再根据海关的要求继续拆箱，但不得使用撬棍直接撬开侧板，而应当继续使用扳子拆卸螺栓，直到全部拆完。

（8）海关查验后，应当复原包装箱，同时立即清理现场，做到货清、场清。

实　例

某海关监管区经营企业的开箱工人，在配合海关查验进口的医疗设备时，采取野蛮的方式拆开木制包装箱，他们不是利用工具进行能够复原的开拆，而是仅使用撬杠将包装箱箱盖板橇烂，这样的野蛮行为立即遭到了在场货主的强烈反对。货主表示：包装箱被撬坏，无法复原生产厂家的原包装，仅此一项就使该医疗设备的国内价格下降了7～8万元人民币。

2. 纸板箱的开拆方式与劳动安全

（1）开拆前的准备工作与开拆木箱前相同。

（2）使用开箱刀开拆时，应当用手控制深入纸板箱的深度不要超过3毫米，以防刀片割坏箱内的货物。

（3）海关查验后，应当重封纸板包装箱，同时立即清理现场，做到货清、场清。

3. 纸板桶的开拆方式与劳动安全

（1）开拆前的准备工作与开拆木箱相同。

（2）在开启桶盖时，除不要破坏桶盖外，还应当注意，不要让桶内货物溅出，桶外杂物进入。

（3）海关查验后，应当复原包装箱，同时立即清理现场，做到货清、场清。

4. 塑料桶化学品的开拆方式与劳动安全

(1) 开拆前的准备工作与开拆木箱前相同。

(2) 在开启桶盖前，应当佩戴防护面罩，在开启桶盖时，除不要破坏桶盖外，还应当注意桶内货物不要溅出，万一溅出，应当立即用清水清洗。

(3) 海关查验后，应当复原包装箱，同时立即清理现场，清除溅出物，做到货清、场清。

5. 托盘光缆的开拆方式与劳动安全

(1) 开拆前的准备工作与开拆木箱前相同。

(2) 使用开箱刀开拆防潮塑料布时，应当用手控制开箱刀深入防潮塑料布的深度，防止刀片割坏箱内的货物。

(3) 使用开箱刀开拆内包装物的纸板箱时，应当用手控制深入纸板箱的深度不要超过 3 毫米，以防刀片割坏箱内的光缆。

(4) 海关在查验光缆时，不得将光缆对折，防止光导纤维折断。

(5) 海关查验后，应当复原包装箱，同时立即清理现场，做到货清、场清。

6. 专用周转箱的开拆方式与劳动安全

(1) 开拆前的准备工作与开拆木箱前相同。

(2) 由于专用周转箱是进口货物反复使用的，所以在开拆时要特别注意对箱扣的保护。

(3) 海关查验后，应当扣好箱扣，同时立即清理现场，做到货清、场清。

第四章
我国海关对进出境船舶的监管

进出口货物的水路运输方式，在各类国际贸易货物运输中，无论是在货物运量还是在总吨位方面，都占据首位。目前，全世界国际贸易货物运输，主要采用水路运输方式，它占世界贸易运输总量的 2/3 以上。在我国的对外贸易活动中，约有 90%的进出口货物，是通过水路运输来完成的。因此，《中华人民共和国海关法》对于进出境船舶的监督管理有非常明确的规定。各船舶在进出境时，必须在规定的时间内进行申报，递交有关单证，同时应注意海关对保税货物和往来特殊区域小型船舶的监管要求。

第一节　我国海关实施监管的进出境船舶类型

按船舶的动力类型划分

1. 机械动力船舶，主要是以柴油发动机为动力的巨型、大型、中型、小型船舶。

2. 非机械动力船，主要是以风力或者人力作为动力的帆船、橹船，这类船现在已经不作为国际货物运输工具使用。

按船舶的航线划分

1. 国际远洋、近洋航线。如北美航线、南美航线等。

2. 来往港、澳地区的短程航线。

3. 国界江河、湖泊航线。

相关链接

东北地区的国际河流，主要有黑龙江、额尔古纳河、乌苏里江、图们江、鸭绿江、兴凯湖等，这些江河、湖泊是中国与俄罗斯、朝鲜的国境分界线。

西北地区的国际河流，主要是新疆的三大国际河流：出境河流有伊犁河和额尔齐斯河，是新疆最大的两条河流，为中国与哈萨克斯坦的跨界河流，阿克苏河发源于吉尔吉斯斯坦，是天山南坡最大的河流。

西南地区的国际河流，主要有雅鲁藏布江、澜沧江、怒江、红河、伊洛瓦底江，均为跨越多国的国际河流，都发源于我国境内。

按船舶的用途划分

1. 旅客运输船舶

旅客运输船舶，是指专门负责运送国际旅客的船舶。但有时为了充分利用有效运力，在船舶载荷允许的情况下，也可以在客轮的甲板或者底舱部分携带运输集装箱及其散货。

2. 货物运输船舶

货物运输船舶，是指专门负责运输除特殊货物，如散装货物、散装原油、液化石油气、天然气等的杂货船舶。

3. 油类货物运输船舶

油类货物运输船舶，是指专门负责运输散装石油或者其他油类的船舶。

4. 散装货物运输船舶

散装货物运输船舶，是指专门负责运输散装货物，如粮食、煤炭、矿砂、水泥等的船舶。

5. 暂时进出境的体育比赛用船、艇

6. 暂时进出境的科研考察用船

相关链接 商船

各国海商法对于商船的定义是不完全相同的。

中国《海商法》规定：本法所称船舶，是指海船和其他海上移动式装置，但是用于军事的，政府公务的船舶和20总吨以下的小型船艇除外。本款所称船舶，包括船舶属具。所谓商船，是指以商业行为为目的，供海上及在与海相通的水域或水中航行使用的船舶。由此可知，凡是不以商业行为为目的的船舶，如军舰、海关缉私艇、水上巡逻艇、政府公务船、科学考察船、游艇、水上仓库、浮船坞、漂浮灯塔等，都不能称之为商船。

第二节　我国海关对进境船舶的监管

相关链接 海关监管

海关监管，绝不是海关监督管理的缩写。海关监管是指海关依法对进出关境的国际运输工具、货物、物品、行李物品、邮递物品、使领馆物品以及相关人所实施的一种内容相当广泛，要求十分严格，实际有效的行政执法的具体活动。如对暂时进出口货物、保税货物备案，接受申报，审核单证，查验货物、物品、运输工具，征收税费，放行货物、物品、运输工具，核销、结关、稽查等。

进境船舶申报时间

船舶到港时间，应由船方或其代理人于船舶到港 24 小时前传真通知海关，并在船舶到港后 24 小时内到海关，或由海关人员登轮办理有关进境（港）手续。

相关链接 海关申报

海关申报，是指进出口货物收发货人、进出境运输工具负责人、进出境物品所有人或者他们的代理人，按照海关规定的时间、地点，采用纸制和电子报关单的方式，向海关如实报告进出口货物、进出境物品及进出境运输工具的全部情况的法律行为。

船方或其代理人应向海关递交的有关单证

1. 国际航行船舶进口报告书 1 份
2. 总申报单 1 份
3. 货物申报单 1 份（附“货物清单”2 份，无进口货物的交无货清单）
4. 船舶物品申报单 1 份
5. 船员物品申报单 1 份
6. 船员名单 1 份
7. 国际航行船舶吨税证书 1 份（仅限外国籍船舶）
8. 烟、酒、水、饮料清单（仅限外国籍船舶）
9. 船舶进出境（港）海关监管簿（外国籍船舶免交）
10. 海关监管需要的其他单证

其他有关规定

1. 上述有关单证应有船方或其代理人签字。
2. 船舶未办妥有关手续，未经海关许可，不得上下人员，装卸货物。

第三节　我国海关对出境船舶的监管

出境船舶申报时间

船舶出境时间应由船方或其代理人在开航 24 小时前通知海关，时间较紧时，可在进港时一并通知海关，并于船舶开航前到海关，或由海关人员登轮办理有关出境（港）手续。

船方或其代理人应向海关递交的有关单证

1. 总申报单 1 份

2. 货物申报单 1 份（附“载货清单”2 份，无出口货物的，交无货清单）

3. 船员名单 1 份，无变更免交

4. 船舶进出境（港）海关监管簿（境外免交）

5. 外国籍船舶下一停泊港若是境内口岸，船方或船舶代理公司应向海关递交出口总申报单、出口货物申报单、出口船员名单、出口船员物品申报单、出口船舶物品申报单各 1 份

6. 海关监管需要的其他单证

其他规定

1. 出境船舶未办结海关及其相关手续时，不得擅自驶离港口。

2. 在港期间，发生移锚、移泊、维修等事情，船方或船代应事先以传真形式通知海关。

3. 船舶进出境时间在 24 小时以内，离港前又能提供出港单据的，可在办理进境（港）手续的同时办理出境手续。

我国海关对进出境船舶的其他监管规定

1. 船舶用保税货物、物品规定

进出境船舶所需的保税油料、物料、物品、食品等供应上船后，经海关审批同意的供货单位应在 24 小时内，持船方签章（船长签字）的供货单到海关办理保税货物报核手续。船舶在 24 小时内开航的，应在航前办理保税货物报核手续。

相关链接 保税货物

保税货物，是指经海关批准未办理纳税手续进境，在境内储存、加工后复运出境的货物，包括加工贸易保税货物和储存类保税货物。本文所指的保税货物、物品是指经海关批准，视为保税的进出境船舶所需的油料、物料等。

2. 烟、酒申报手续

(1) 船舶在境外所销售、使用的烟、酒，在港期间，由船方集中保管。国轮应在船舶进出境（港）海关监管簿上予以登记，外轮则在烟酒清单上向海关申报。

(2) 在港期间，船方如需提取烟、酒，应向海关书面申请，获准后，海关在船舶进出境（港）海关监簿或烟酒清单上盖章批注，船方才可据此提取使用。

3. 船员自用物品申报手续

(1) 我国籍船舶在办理进境（港）手续的同时，船方或船代可持船舶监管簿、出境日期证明书、船员自用物品登记证、船员自用物品清单到海关集中办理或由海关上船办理船员自用物品验放手续。

(2) 无法集中办理船员物品验放手续的，也可由船员本人持出境证明书（含复印件）、自用物品登记证、船方出具的调离证明、本人护照或海员证到海关办理验放手续。

4. 海关检查进出境船舶运输工具时，运输工具负责人或有关责任人应当到场，并根据海关的要求开启舱室、房间。发现有走私嫌疑时，应当开拆可能藏匿走私货物、物品的部位，搬移货物、物料。

第四节　我国海关对来往港澳地区小型船舶的监管

来往港澳小型船舶

来往港澳地区小型船舶，是指经过交通部门或其授权的部门批准，专门来往于内地和港澳地区之间，在境内注册从事货物运输的机动或非机动船舶。上述船舶在投入使用前，应当按照海关的要求，在船上安装海关认可的船载收发信装置（也称GPS船载收发信装置，船载全球卫星定位系统），经过海关批准备案后，方可从事进出境货物运输活动。

小型船舶海关中途监管站

小型船舶海关中途监管站，是指海关设在珠江口大铲岛、珠海湾仔、珠江口外桂山岛、香港以东三门岛负责监管小型船舶及其所载的货物、物品，并办理进出境小型船舶海关关封和舱单确认手续的机构。

海关对来往港澳小型船舶的监管方式

目前，海关对来往港澳地区小型船舶的监管方式主要有两种：其一，快速通关监管模式，即对于安装了船载全球卫星定位系统的船舶，由于该类船舶利用船载收发信装置，已经提前录入电子舱单，并且直接在船上接受海关通航的指令，所以没必要停泊在海关中途监管站办理手续，快速通航于来往港澳地区的各条航线。其二，传统的海关监管方式，即进出境小型船舶的每个航次必须停靠海关中途监管站办理有关手续后，方可继续驶往境内外。

海关对小型船舶的监管规定

1. 小型船舶的公用、船员自用物品进出境，应当如实填写来往港澳地区小型船舶进/出境的公用物品申报单、来往港澳地区小型船舶船员进/出境的自用物品申报单，向海关申报，海关将按照有关规定办理验放手续。

2. 小型船舶在香港、澳门地区装配机器零件或者添装船用燃料、物料和公用物品，应当填写来往港澳小型船舶的境外添装燃料物料申报单，向海关申报并交验有关单据或者发票，办理进口手续。

3. 小型船舶不得同船混装进出口货物与非进出口货物。

4. 进境小型船舶自进境后至办结海关手续前，出境小型船舶自启运港办理海关手续后至出境前，未经海关批准，不得中途停泊，装卸货物、物品或者上下人员。

5. 小型船舶在规定的时间或者地点以外停泊，装卸货物、物品或者上下人员时，必须经过海关批准。

6. 小型船舶由于不可抗力的原因，被迫在未设立海关的地点停泊、抛掷、起卸货物、物品或者上下人员时，船舶负责人应当立即报告附近海关。小型船舶因遇到风浪，致使无法在海关中途监管站停泊办理进出境手续的，经海关中途监管站许可，可以直接驶往目的港。

7. 海关中途监管站可以对进出境小型船舶所载货物、舱室施加封志，必要时可以派员随船监管至目的港，船舶负责人或其代理人应当提供必要的便利。

海关对进出境船舶的检查

根据《中华人民共和国海关法》及有关行政法规的规定，海关有权对进出境船舶实施检查。具体规定如下：

1. 海关登船检查时，由检查工作的负责人向船长宣布海关检查决定，同时控制船舶要害部门，如驾驶室、电报房等。

2. 可以集合全体船员，宣布、讲解海关有关规定和政策。

3. 船舶负责人应当根据海关的要求，开启舱室、房间等。

4. 船舶负责人应当根据海关的要求，开拆可能藏匿走私货物、物品的部位，搬移货物和物料等。

5. 检查结束后，无论是否发现有走私、违规情事，均须编制查验记录，由海关查验人员和船长共同签字认可。

附　录

附录1　部分中外船公司简称与缩写一览表

公司名称	简称	英文缩写
澳大利亚国家航运公司	澳国航运	ANL
美国总统轮船（中国）有限公司	美国总统	APL
邦拿美船务有限公司	邦拿美	BNML
波罗的海航运公司	波罗的海	BOL
中波轮船股份公司	中波	C-P
南美邮船公司	南美邮船	CLAN
智利国家航运公司	智利航运	CCNI
中日国际轮渡有限公司	中日轮渡	CHINJ
天敬海运	天敬海运	CK
达飞轮船（中国）有限公司	达飞轮船	CMA
中国远洋集装箱运输有限公司	中远集运	COSCO
京汉航运有限公司	京汉航运	CO-HE

续表

公司名称	简称	英文缩写
朝阳（香港）有限公司上海办事处	朝阳公司	CYL
达贸国际轮船公司	达贸国际	DELIMA
德国胜利航运公司	德国胜利	DSEN
埃及国际船务公司	埃及船务	EILKL
长荣香港有限公司上海办事处	香港长荣	EMC
远东海洋轮船公司驻上海代表处	远东海洋	FESCO
韩进海运（中国）有限公司	韩进海运	HJS
浩洲船务公司	浩洲船务	HCSC
香港航运有限公司	香港海运	HKMSH
上海海华轮船公司	海华轮船	HASCO
金发船务有限公司	金发船务	GFNG
金华航运有限公司	金华航运	JH
上海海隆轮船有限公司	海隆轮船	HNT
赫伯罗特船务（中国）有限公司	赫伯罗特	HJSHA
现代商船株式会社上海代表处	现代商船	HMM
香港明华船务有限公司	香港明华	HKMW
上海育海航运公司	育海航运	SYH
七星轮船有限公司	七星轮船	SSCL
墨西哥航运有限公司	墨西哥航运	TMM
高丽海运株式会社	高丽海运	KMTC
川崎汽船（中国）有限公司	川崎汽船	KLINE
上海中福轮船公司	中福轮船	SZFSC
上海天海货运有限公司	天海货运	TMSC
东航船务有限公司	东航船务	TOHO
阿拉伯联合国家轮船公司	阿拉伯轮船	UASC

续表

公司名称	简称	英文缩写
宁波泛洋船务有限公司	宁波泛洋	TOS
立荣海运公司	立荣海运	UGL
联华航业（香港）有限公司上海办事处	联华航业	LC
环球船务有限公司	环球船务	UNIWD
万海航运股份有限公司	万海股份	WANHL
伟航船务有限公司	伟航船务	WH
以星轮船有限公司	以星轮船	ZIM
阳明公司	阳明公司	YML
浙江远洋运输公司	浙江远洋	ZOSCO
意大利邮船公司上海代表处	意邮船	LT
联丰船务有限公司	联丰船务	LIFEN
马来西亚国际航运有限公司	马国航运	MISC
商船三井（中国）有限公司	商船三井	MOLCN
马士基（中国）航运有限公司	马士基	MSL
瑞士地中海航运公司	地中海	MSC
民生神原海运有限公司	民生神原	MSKM
太古船务代理有限公司	太古船代	NGPL
渣华邮船（中国）有限公司	渣华邮船	NLL
新加坡海皇轮船有限公司	新海皇	NOLSH
北欧亚航运（中国）有限公司	北欧亚航	NORAS
宁波远洋运输公司	宁波远洋	NOSCO
日本邮船（中国）有限公司	日本邮船	NYK
东方海外货柜航运（中国）有限公司	东方海外	OOCL
英国铁行箱运有限公司	英国铁行	P&O
泛洲海运	泛洲海运	PC

续表

公司名称	简称	英文缩写
太平船务有限公司	太平船务	PIL
泛洋商船株式会社	泛洋商船	POBU
美商海陆联运（中国）有限公司上海分公司	美商海陆	S/L
瑞克麦斯轮船公司	瑞克麦斯	RILI
南非国家轮船有限公司	南非轮船	SAF
上海市锦江国际船务代理有限公司	锦江船代	SJJSA
志晓船务有限公司	志晓船务	SSC
长锦有限公司	长锦公司	SINKO
东映海运有限公司	东映海运	SBL
上海国际轮渡有限公司	国际轮渡	SFCO
中海发展股份有限公司	中海发展	CSD
中国对外贸易运输总公司	中外运	SNTBJ

附录 2　中国远洋运输集团及外国集装箱公司所属集装箱箱主代号表

一、自用集装箱字头

COSU、CBHU、FBZU、HTMU、MLNU、FRSU

二、租用集装箱字头

TOLU、ICSU、CCSU、FWIU、ICLU、OCCU、SCXU、TCLU、TROU、XCLU、SLDU

附录3 外国集装箱公司所属集装箱一览表

编号	Leasing Co. （出租公司）	Prefix（集装箱字头）
1	INTERPOOL 18 floor Queen's Centre, 58—64, Queen's Rd. E. Wanchai, HongKong	ACEU AKLU AMMU ANBU APCU ARCU BELU BNAU BNIU CCLU CCXU CDLU CGTU CLGU CNCU CTCU CTUU DRGW ESCU EWLU FASU FPLU GIPU GSLU GSPU GULF HCRC HKIU HKTU HLCU LASU IBNU ICHU ICRU IDIU IFCU IHRU ILCU IKCU INRU INTU INTU INWU IRNU IRRU ISBU ISRU ISRU IVLU IWSU JLSU JSPU JUGU KKLU MGLU MSCU NEPU NLLU NOOU NUSU NYKU OOLU LTAU PCIU PRMU PVTU PXCU SBGU SENU SICU SMLU SMLU SWLU SNLU SPSU STLU TFLU TMRU TWAU TSLU UASU YMLU YSIU
2	TRITON Suite 1501 Jublle Centre 18 Fenwlck Street, Wanchai, HongKong	TRIU
3	SEA CONTAINER 2213, Jardine House, 1 Connaught Place, HongKong	SCWU SCPU SCTU SCEU SCLU SCVU USLU （SPECIAL EQUIPMENT）
4	EXPERTRANS LNTL RM 1318—19, Level B, Metroplaza, 686, Nathan Rd, kln	TEHU TEPU
5	CHO YANG	ICCU IKKU IPRU ITEU GPAU IOLU OLLU ALUU CCCU CLOU COVU HLPU ACUU IDCU

续表

编号	Leasing Co.(出租公司)	Prefix(集装箱字头)
6	CONEAST	ZTEU
7	TEXTAINER Jnit 1306 Tai Yau Bull-ding, 181 johnston Rd, Wanchai, HongKong	IOLU NCLU SUZU TEXU XCLU ACUU CSYU CTIU GBLU ZTEU MAXU PERU SAMU SOFU SSSU TLEU TRIU WLKU WLFU
8	MATSON 801 Crocidie House, 60 Connaught Rd. C, HongKong	MLCU
9	CONTRANS	OONU
10	GENSTAR Rm 2003, Two Exchange Spuare, HongKong	WDCU BFCU CTIU CLGU CTIU BUPU FLXU FVIU GSTU GCEU HDMU HJCU HLCU MLCU IMLU INSU ITLU ITLU ITLU JSOU KKLU KMTU MRSU NYKU OOLU SISU SSIZU TEMU UFCU XTRU YFBU YMLU YSMZ
11	TRANSAMERICA Rm 1002 Centrai Pia-za18 Harbour Rd, Wanchai, HongKong	LAKU RELU TCPU TCPZU TGNU TLCU TRLU CNVU CNZU ICSU ICSU ICSU IKSU TNKU TNWU TRZU ZSPU
12	JEURO Unit 301, 3/F, Kai Tak Comm, Bldg 317 Des Voeux Rd. C, HongKong	BLCU CCSU CCSU CCXU CGOU CLGU CLGU CWSU DCSU FWIU HLCU LCEU ICLU ICLU IILU LPKU MHCU NLPU NLSU NLSU NYKU OCCU OLCU PFEU SHWU SLBU SLCU SLDU SLDU SLFU SLFU SLHU SLTU SLOU SLRU STTU SWHU TCLU TFLU TOLU TONU TOZU TROU TWNU YCEU TCSU TEHU SISU

续表

编号	Leasing Co.（出租公司）	Prefix(集装箱字头)
13	TIPHOOL Rm 1007, Shul On Centre, 6—8 Harbour Rd, Wanchai, Hong Kong	TPHU TPXU SCXU SCPU SCIU
14	CRONOS Rm 2303—4 23 RD Goldmark, 502 Hennessy Rd. ,Causeway bay. h. k	IEAU LPIU CRXU

附录 4 集装箱进出口费用一览表（仅供参考）

序号	项 目	费 用
1	场站费	人民币 200 元/20 英尺 人民币 400 元/40 英尺
2	港杂费	人民币 105 元/20 英尺 GP 人民币 165 元/40 英尺 GP 人民币 170 元/40 英尺 HC 人民币 25 元/20 英尺 RF 人民币 215 元/40 英尺 RH（不同场站稍有差别）
3	单证费	不同船公司，单证费不同
4	港口操作费（THC）	人民币 370 元/20 英尺 GP 人民币 560 元/40 英尺 GP 人民币 560 元/40 英尺 HC 人民币 410 元/20 英尺 RF 人民币 610 元/40 英尺 RH

续表

序号	项 目	费 用
5	制冷费	五天之内共人民币 260 元/20 英尺 RF 人民币 500 元/40 英尺 RH 第六天起人民币 50 元/20 英尺/天 人民币 100 元/40 英尺/天
6	电放费	不同船公司、航线的费用不同
7	舱单信息费	不同船公司的舱单费需提前确认。 收取的标准一般为人民币 2 元/票
8	美国舱单费	通常为 25 美元/票，NYK 为 50 美元/票。 需要提前与船公司确认
9	箱检费	人民币 60 元/20 英尺 GP 人民币 120 元/40 英尺 GP 人民币 120 元/40 英尺 HC 人民币 70 元/20 英尺 RF 人民币 130 元/40 英尺 RH (另外每票收取工本费 6 元)
10	铅封费	通常为人民币 10 元/柜，有些船公司的箱子无铅封费，需提前确认
11	挂机费	人民币 400 元/24 英尺 HRS
12	退关转船费	人民币 150 元/20 英尺 GP 人民币 225 元/40 英尺 人民币 422 元/20 英尺 RF 人民币 748 元/40 英尺 RH 另外收取堆存费 每十天收一次搬移费
13	报关费	没有海关客户端软件，人民币 100 元/票 (品名多加录一张报关单加收人民币 75 元) 有客户端软件，人民币 30 元/票

续表

序号	项　目	费　用
14	改回箱单代理费	人民币 80 元/票（其他产生费用实报）
15	改放行黄联代理费	人民币 80 元/票（其他产生费用实报）
16	海关验货代理费	人民币 200 元/票（装卸费、铅封费等其他费用代收代付）
17	移动证代理费	人民币 100 元/票
18	退关费	人民币 50 元/票（报关费照收）
19	换船费	人民币 30 元/票
20	删单费	人民币 35 元/票
21	换证费	人民币 100 元/票（换证凭条或换证凭单）
22	商检验货代理费	人民币 200 元/票（装卸费、铅封费等其他费用代收代付）
23	海关年审费	人民币 100 元/票
24	商检注册费	人民币 100 元/票（需提供营业执照、代码证、批准证书）
25	海关备案费	人民币 200 元/票（客户需提供当地海关提供的关封）
26	危险品审报	人民币 100 元/票
27	空箱返回场站	干柜：人民币 100 元/20 英尺 人民币 150 元/40 英尺
28	冻柜	（开铅封）除收取干柜同样价格外 另加预检费人民币 300 元/柜 清洗费人民币 150 元/柜
29	熏蒸费	人民币 450 元/20 英尺 人民币 700 元/40 英尺

续表

序号	项 目	费 用
30	熏蒸货物场地费	人民币 110 元/20 英尺 人民币 220 元/40 英尺
31	熏蒸货物装卸费	（人工）人民币 80 元/20 英尺 人民币 160 元/40 英尺 （机械）人民币 120 元/20 英尺 人民币 240 元/40 英尺
32	熏蒸货物托盘费	硬纸制：人民币 60 元/个（不含打件费）（免熏蒸） 胶合板：人民币 60 元/个（不含打件费）（免熏蒸） 塑料制：人民币 110 元/个（含打件费）（免熏蒸） 木　制：人民币 35 元/个（不含打件费）
33	一级危险品场站费	人民币 200 元/20 英尺 人民币 400 元/40 英尺
34	一级危险品港杂费	人民币 125 元/20 英尺 人民币 200 元/40 英尺
35	一级危险品监护费	入危险品场地 人民币 500 元/20 英尺 人民币 700 元/40 英尺
36	一级危险品监护费	直接装船 人民币 300 元/20 英尺 人民币 500 元/40 英尺
37	一级危险品堆存费	人民币 100 元/20 英尺/天 人民币 150 元/40 英尺/天
38	一级危险品标签费	根据不同箱站，收费不一致，请提前确认

续表

序号	项　目	费　用
39	一级危险品吊装费	人民币 107.40 元/20 英尺 人民币 165 元/40 英尺
40	一级危险品平移费	人民币 53.70 元/20 英尺 人民币 82.50 元/40 英尺
41	一级危险品操作费	人民币 5 元/柜
42	二级危险品场站费	人民币 200 元/20 英尺 人民币 400 元/40 英尺
43	二级危险品港杂费	人民币 125 元/20 英尺 人民币 200 元/40 英尺
44	二级危险品监护费	人民币 50 元/20 英尺 人民币 100 元/40 英尺
45	二级危险品堆存费	人民币 20 元/20 英尺/天 人民币 40 元/40 英尺/天
46	二级危险品标签费	根据不同箱站，收费不一致，请提前确认
47	二级危险品吊装费	人民币 99 元/20 英尺 人民币 148.60 元/40 英尺
48	二级危险品平移费	人民币 49.50 元/20 英尺 人民币 74.30 元/40 英尺
49	二级危险品操作费	人民币 5 元/柜
50	二级危险品熏蒸监护费	人民币 150 元/20 英尺 人民币 225 元/40 英尺
51	二级危险品 内点装箱费（人工）	人民币 120 元/20 英尺 人民币 240 元/40 英尺

续表

序号	项 目	费 用
52	二级危险品 内点装箱费（机械）	人民币 180 元/20 英尺 人民币 360 元/40 英尺
53	港杂费	人民币 120 元/20 英尺 GP 人民币 200 元/40 英尺 GP 人民币 160 元/20 英尺 RF 人民币 300 元/40 英尺 RH
54	报验代理费	人民币 150 元/票
55	三检费（商检、 植检、卫检）	人民币 20 元/20 英尺 人民币 40 元/40 英尺
56	换单费	人民币 200 元/票（通常）
57	返箱费	50 美元/20 英尺 75 美元/40 英尺
58	（箱子）商检费	人民币 20 元/20 英尺 人民币 40 元/40 英尺
59	设备交接单	人民币 5 元/TEU
60	信息费	人民币 2 元/票，根据船公司不同， 是否收取提前确认
61	堆存费	前四天免费，从第五天算起 人民币 4 元/20 英尺 人民币 8 元/40 英尺
62	搬倒费	每十天一个搬倒 人民币 49.5 元/次/20 英尺 GP 人民币 74.3 元/次/40 英尺 GP 人民币 53.7 元/次/20 英尺 RF 人民币 82.5 元/次/40 英尺 RH

续表

序号	项　目	费　用
63	制冷费	1～5 天：　人民币 260 元/20 英尺 RF 　　　　　人民币 500 元/40 英尺 RH 第六天起：人民币 50 元/20 英尺 RF/天 　　　　　人民币 100 元/40 英尺 RH/天
64	（拼箱）装卸费	最低人民币每 CBM 或 MT(不足一个方或吨)70 元，超过一个方或吨，每立方或吨加收人民币 20 元
65	（拼箱）堆存费	10 天免费，超期每天每 CBM 或 MT 人民币 10 元
66	报关费	人民币 200 元/票 （品名多加录一张报关单，加收人民币 40 元）
67	进口海关验货代理费	人民币 200 元/票 （装卸费、铅封费等其他费用代收代付）
68	代理费	人民币 200 元/票
69	查验区机械费	人民币 136 元/20 英尺 人民币 186 元/40 英尺
70	拆箱费	人民币 240 元/20 英尺 人民币 480 元/40 英尺
71	搬倒费	空箱人民币　50 元/20 英尺 重箱人民币 100 元/40 英尺
72	仓储费	人民币 0.4 元/DAY/MT（重货） 人民币 0.4 元/DAY/CBM（轻货）
73	出库费/入库费	人民币 16 元/MT（重货） 人民币 16 元/CBM（轻货）

附录5 单件运输包装的类型、货种种类及英文名称

1. 箱类

中文名称	英文名称	缩写	通常所装货物
木箱	CASE	C/——（S）	箱装总称
小木箱	BOX	BX（S）	仪表、五金
三夹板箱	CHEST	CST（S）	茶叶等
花格箱	SKELETON CASE	C/——（S）	土豆等
木箱	WOODEN CASE		杂货等
夹板箱	PLYWOOD CASE		罐头
纸板箱	CARDBOARD CASE		棉织品
胶合板箱	VENEER		日用百货
亮格箱、框箱	CRATE	CRT（S）	自行车、玻璃
纸箱	CARTON	CTN（S）	香烟、易碎品
大木箱	VAN		设备

2. 捆（包）类

中文名称	英文名称	缩写	通常所装货物
包	BALE	BL（S）	棉花
捆扎	BUNDLE	BDL（S）	五金钢材
铁皮包封	STEEL ENVELOP		马口铁
麻布包	BURLAP JUTE CLOTH	BLP（S）	生丝

3. 袋类

中文名称	英文名称	缩写	通常所装货物
袋	BAG	BG（S）	袋装总称

续表

中文名称	英文名称	缩写	通常所装货物
纤维袋	FIBRE BAG		化肥
麻布袋	GUNNY BAG		谷物
麻袋	JUTE BAG		辣椒干
袋	BAG	BG（S）	袋装总称
草袋	STRAW BAG		耐火砖
纸袋	PAPER BAG		水泥
牛皮纸袋	KRAFT BAG		化肥
布袋	CLOTH BAG		面粉
布袋	SACK	SK（S）	淀粉
聚乙烯袋	POLYETHYLENE BAG		化肥

4. 桶类

中文名称	英文名称	缩写	通常所装货物
桶	DRUM	DRM（S）	桶装总称
铁桶	IRON DRUM		油料
纤维桶	FIBRE DRUM		化学药品
塑料桶	PLASTIC DRUM		液体化工产品
琵琶桶	BARREL	BRL（S）	酒
木桶	CASK	CSK（S）	化学品
罐头桶	CAN	CN（S）	油漆
听	TIN		药品
手提桶	PAIL		油漆
大木桶	HOGSHEAD	HGHD（S）	油类

5. 其他

中文名称	英文名称	缩写	通常所装货物
篮、篓	BASKET	BKT（S）	蔬菜
瓶	BOTTLE	BOTL（S）	酒
钢瓶	CYLINDER		压缩气体
坛	JAR		榨菜
个、件	PACKEGE	PKG（S）	个、件的总称
盘	COIL	CL（S）	铁丝
卷	ROLL	RL（S）	卷筒纸
卷	REEL		电缆
片、张	SHEET	SHT（S）	钢板
对	PAIR	PR（S）	成对的车轮
组	SET		成套的轮胎

6. 集合包装

中文名称	英文名称	缩写	通常所装货物
托盘	PALLET	PA（S）	
网络	NET FOR UNITIZED		
集装袋	CONTAINER BAG		
集装箱	CONTAINER		

附录 6 集装箱货物箱载重数（重）量参考表

商品名称	标准规格型号	集装箱类(标准)	包装种类	包装重量	总件数	总数量	总毛重（千克）
冻的鸡块及杂碎		R40′	纸箱		1 533	22 995	25 000

续表

商品名称	标准规格型号	集装箱类(标准)	包装种类	包装重量	总件数	总数量	总毛重(千克)
棕榈油(固体精炼)		D20′	纸箱	15千克/桶	1 405	21 075	21 890
棕榈油(固体精炼)		D40′	桶		150	30 000	32 250
		D20′	桶		96	18 000	20 000
砂糖		D20′	袋	30千克/袋	700	21 000	21 161
香烟		D20′	纸箱	50条/箱	900	45 000	14 400
		D40′	纸箱	50条/箱	450	22 500	7 300
润滑油(车用发动机)		D20′	纸箱		650	15 600	15 600
润滑油		D20′	桶		80	16 640	15 369
氧化铝		D20′	桶		14	19 992	20 482
		D20′	袋		800	20 000	20 320
甲苯二异氰酸酯(TDI)		D20′	桶	250千克/桶	80	21 000	21 520
		D40′	桶		132	33 000	35 640
6—己内酰胺		D40′	袋		1 000	25 000	25 250
		D20′	袋		720	18 000	18 180
聚乙烯胶粒(初级形状、比重<0.94)		D20′	袋	25千克/袋	720	18 000	18 216
		D40′	袋		990	24 750	25 398
聚乙烯胶粒(初级形状、比重≥0.94)		D40′	袋		990	24 750	26 270
		D20′	袋	25千克/袋	720	18 000	18 720

续表

商品名称	标准规格型号	集装箱类(标准)	包装种类	包装重量	总件数	总数量	总毛重(千克)
聚丙烯胶粒(其他初级形状)	注塑级	D20′	袋	25 千克/袋	720	18 000	18 360
		D40′	袋		990	24 750	25 279
聚苯乙烯胶粒(其他初级形状)		D40′	袋		920	23 000	23 920
		D20′	袋		720	18 000	18 108
ABS 塑胶粒(丙烯腈—丁二烯—苯乙烯共聚物)		D20′	袋	25 千克/包	720	18 000	18 144
聚氯乙烯胶粒(初级形状)		D20′	袋	25 千克/包	720	18 000	18 848
		D40′	袋		1 100	22 000	22 411
聚甲基丙烯酸甲酯		D20′	袋		720	18 000	18 216
聚甲醛	F20—02	D20′	袋		720	18 000	18 165
聚碳酸酯胶粒(初级形状)		D20′	袋		720	18 000	18 288
		D40′	纸箱		40	26 000	27 040
聚酯切片(聚对苯二甲酸乙二酯切片)		D20′	袋	25 千克/袋	720	18 000	18 720
尼龙 6 切片	1010C2	D20′	袋		680	17 000	17 272
天然乳胶		D20′	桶		80	16 640	17 680
天然橡胶烟胶片	3#	D20′	托盘		16	19 200	20 320
		D20′	袋		100	20 000	20 145
丁苯橡胶		D20′	袋		540	18 900	19 062
合成橡胶(初级形状)		D20′	木箱		16	16 800	18 080
化学木浆(合成)		D20′	袋		1 326	19 557	19 890
新闻纸		D40′	卷		58	26	27 748

续表

商品名称	标准规格型号	集装箱类（标准）	包装种类	包装重量	总件数	总数量	总毛重（千克）
牛皮纸	75～120克/平方米	D40′	卷		25	25	24 866
牛皮纸	250克/平方米	D40′	卷		26	23 458	23 458
瓦楞原纸		D40′	卷		24	24	24 340
铜版纸		D40′	托盘		26	24 701	25 073
	157克/平方米	D20′	托盘		24	19 004	19 240
白板纸（涂布）	2.7×3×300g/m	D40′	托盘		24	22 543	22 903
原羊毛		D20′	袋		113	20 587	20 813
羊毛	T190原油羊毛	D40′	袋		150	23 790	24 000
羊毛		D40′	袋		70	24 567	24 847
洗净毛		D20′	袋	550千克/包	32	17 000	17 600
羊毛		D20′	袋		100	18 000	19 000
羊毛条		D40′	袋	550千克/包	46	25 300	25 300
原棉		D40′	袋		115	25 875	26 200
聚酯弹力丝	DTY/150D/48F		纸箱		600	21	22 680
尼龙纱线		D40′	纸箱		172	19 401	20 112

续表

商品名称	标准规格型号	集装箱类（标准）	包装种类	包装重量	总件数	总数量	总毛重（千克）
涤纶线	50D/36F	D40′	卷		712	23 500	25 000
		D40′	纸箱		558	18 792	20 992
		D40′	纸箱		60	17 235	20 355
涤纶短纤（未梳的聚酯短纤）		D40′	袋	275 千克/包	96	26 400	26 784
	1.5D×38mm	D40′	袋		80	20 000	24 240
		D20′	袋		100	20 000	20 120
	1.4D×38mm	D40′	袋	250 千克/包	96	24 000	24 192
腈纶短纤（未梳的聚丙烯腈短纤维）		D40′	袋		99	24 750	25 000
显像管玻锥	14”	D20′	托盘		10	2 000	4 420
显像管玻屏	14”	D20′			20	3 360	11 880
		D40′			34	5 712	20 196
显像管玻锥	21”	D20′	托盘		12	1 080	4 600
		D40′			24	2 160	11 040
显像管玻屏	21”	D20′			18	1 296	11 574
		D40′			30	2 160	19 290
显像管玻锥	29”	D20′	托盘		10	440	4 500
		D40′			18	756	8 100
显像管玻屏	29”	D20′			20	640	12 160
		D40′			34	1 088	20 672
电脑彩色显示器	14”	D40′	纸箱		840	840	10 920

附录7　危险品货物标志

图形	标志名称	标志内容
	杂类	杂类 符号：黑色 底色：白色
	腐蚀品	腐蚀品 符号：上黑下白 底色：上白下黑
	三级放射性物品	三级放射性物品 符号：黑色 底色：上黄下白 附三条红竖条
	二级放射性物品	二级放射性物品 符号：黑色 底色：上黄下白 附二条红竖条
	一级放射性物品	一级放射性物品 符号：黑色 底色：白色 附一条红竖条
	感染性物品	感染性物品 符号：黑色 底色：白色
	有害品（远离食品）	有害品（远离食品） 符号：黑色 底色：白色

续表

图形	标志名称	标志内容
	有毒品	有毒品 符号：黑色 底色：白色
	剧毒品	剧毒品 符号：黑色 底色：白色
	有机过氧化物	有机过氧化物 符号：黑色 底色：柠檬黄色
	氧化剂	氧化剂 符号：黑色 底色：柠檬黄色
	遇湿易燃物品	遇湿易燃物品 符号：黑色或白色 底色：蓝色
	自燃物品	自燃物品 符号：黑色 底色：上白下红
	易燃固体	易燃固体 符号：黑色 底色：白色红条

续表

图形	标志名称	标志内容
	易燃液体	易燃液体 符号：黑色或白色 底色：正红色
	有毒气体	有毒气体 符号：黑色 底色：白色
	不燃气体	不燃气体 符号：黑色或白色 底色：绿色
	易燃气体	易燃气体 符号：黑色或白色 底色：正红色
	具有大规模爆炸性，但极不敏感的物品	爆炸品 符号：黑色 底色：橙红色
	不产生重大危害的爆炸品	爆炸品 符号：黑色 底色：橙红色
	爆炸品	爆炸品 符号：黑色 底色：橙红色

附录 8　包装储运标志

图形	标志名称	标志内容
	易碎品	容易破碎的物品、货物
	禁用手钩	禁用手钩或其他钩装卸货物
	向上	货物仅能向上
	怕晒	货物怕晒，不可阳光直接照射
	怕辐射	货物怕各类射线辐射
	由此吊起	货物吊装的规定位置
	怕雨	货物怕雨淋

续表

图形	标志名称	标志内容
	重心	货物重心点
	禁止翻滚	货物装卸时禁止翻滚
	堆码重量极限	货物堆存码放时，最底货物包装物体能够承受的极限重量
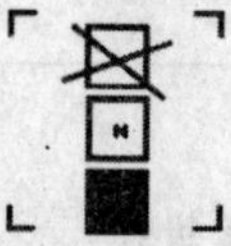	堆码层数极限	货物堆存码放最大层数
	温度极限	货物存放允许的最高、最低温度
	此面禁用手推车	货物包装特殊面，不可用手推车
	禁用叉车	货物禁止用叉车装卸

续表

图形	标志名称	标志内容
	由此夹起	货物采用夹装方式装卸时的夹点
	此处不能卡夹	货物外包装禁止卡夹的点
	禁止堆码	货物禁止采用堆码方式存储

附录 9 中国海关进出境货物（物品）化验取样记录单

中国海关进出境货物（物品）化验取样记录单

取样海关		报关单号	
货物（物品名称）		取样时间	年 月 日 时
取样目的			
货物（物品）包装描述:			
货物（物品）外观特征描述:			
取样过程描述:			
取样关员签字:		收发货人或其代理人签字:	
备注			

附录 10　中华人民共和国海关查验记录单

中华人民共和国＿＿＿＿＿＿海关查验记录单

（适用于货物和运输工具）

进口（　　）　　　　　　　记录单编号：53012…………………0005594

<table>
<tr><td rowspan="11">申报基本情况</td><td colspan="7">申报单位：</td></tr>
<tr><td colspan="7">经营单位名称：</td></tr>
<tr><td colspan="7">收（发）货单位：</td></tr>
<tr><td colspan="7">申报单证号码及份数：</td></tr>
<tr><td colspan="7">运输工具海关编号/运输工具号码：</td></tr>
<tr><td rowspan="6">货物申报</td><td>项号</td><td>商品编码</td><td>品名/规格</td><td>数量</td><td>产/销国</td><td>总价/币值</td></tr>
<tr><td></td><td></td><td></td><td></td><td></td><td></td></tr>
<tr><td></td><td></td><td></td><td></td><td></td><td></td></tr>
<tr><td></td><td></td><td></td><td></td><td></td><td></td></tr>
<tr><td></td><td></td><td></td><td></td><td></td><td></td></tr>
<tr><td></td><td></td><td></td><td></td><td></td><td></td></tr>
<tr><td></td><td colspan="3">申报货物总件数：</td><td>包装种类：</td><td>总毛重：</td><td colspan="2">总净重：</td></tr>
<tr><td>查验情况记录</td><td colspan="7">查验人员签名：</td></tr>
<tr><td>查验地点</td><td colspan="7"></td></tr>
<tr><td>查验起止时间</td><td colspan="7">自　年　月　日　时　分至　月　日　时　分止</td></tr>
<tr><td>查验结果</td><td colspan="7">【　】：01=与申报内容相符；02=与申报内容不相符；03=不能确定</td></tr>
<tr><td rowspan="3">货主或其代理人意见</td><td colspan="7">在实施查验过程中，本人一直在场，海关给货物未造成任何损坏或破损，本人对海关查验结论无异议。</td></tr>
<tr><td colspan="7">联系地址：</td></tr>
<tr><td colspan="4">联系电话：</td><td colspan="3">货主（代理人）签字：</td></tr>
</table>